環境立国日本の選択

道州制・
生活大……挑戦

鶇 謙一
Kenichi Tsugumi

海象社

環境立国日本の選択　目次

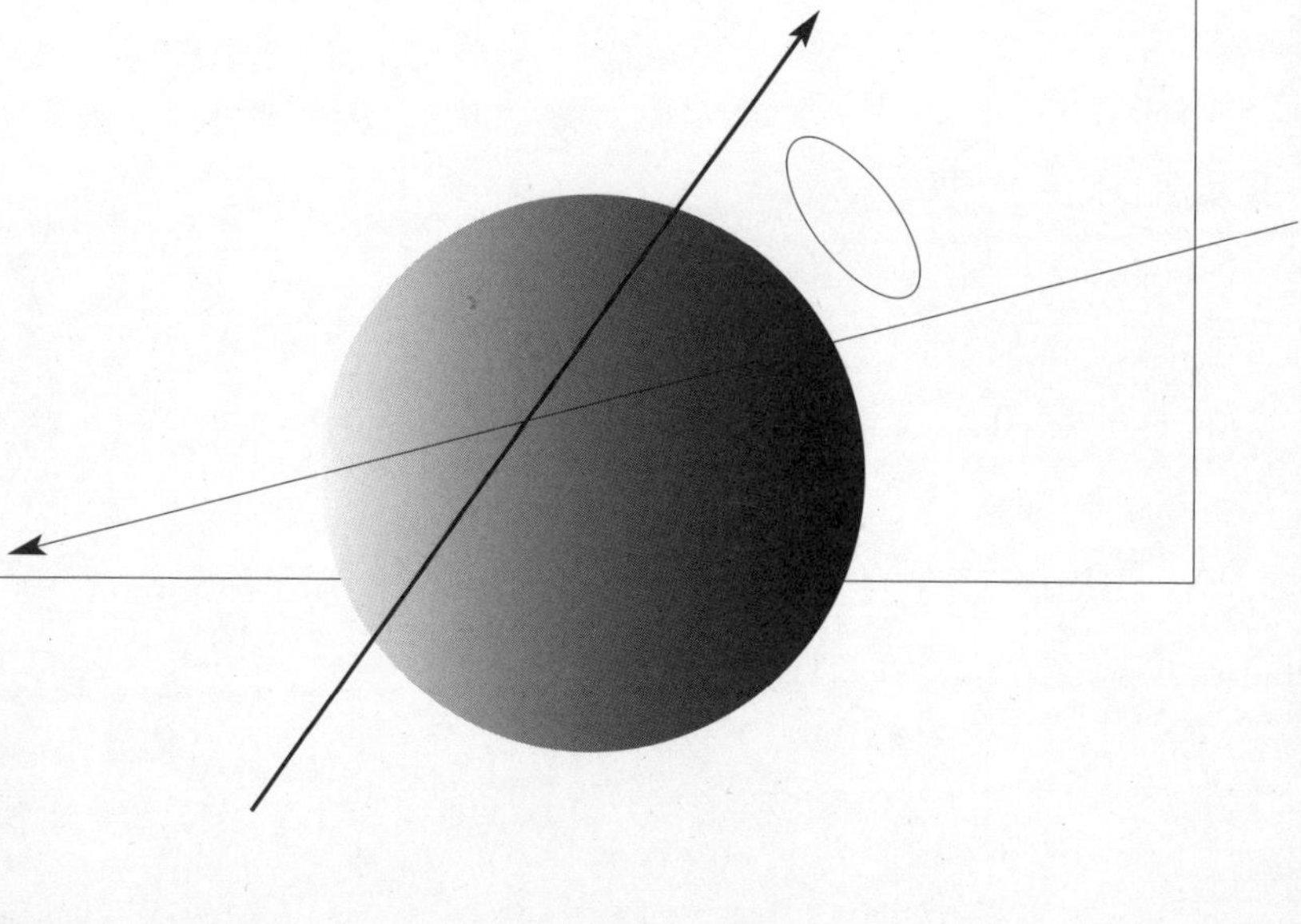

推薦のことば

『一市民、一教授のがまん爆発の書』

北陸　金沢からの呼びかけ――

もう　がまんするのはやめよう　思いきって言おう　そして行動しよう

私たちの大切な国・日本の問題は、理性、道理で理解できない国になってしまったことです。本書は、その問題を堂々と正直に真正面から説明し、解決の方法を自然体で思い切って提案する著作です。

最近三〇年の日本の状態を、かつての一党支配下のソ連、一九九〇年以前の頻繁に首相交替が繰り返されたイタリア、そして二〇〇〇年以前の支配政党内での再編に終始したメキシコの次に、歴史家は位置づけるだろう、といわれています。

他人の迷惑を省みない若者、法の悪用や虚偽の報告を黙認する企業、自らの過ちを認めようとしない官僚、政治倫理規正法で縛られる政治家、不安や苦悩、奢侈《しゃし》や贅沢が満ち溢れた社会……、もうがまんができません。

既得権益の保護、自由参入の阻止、社会の平準化が魅力のない社会を創りました。その結果が、株式の日本売り、日本企業に働きたがらない若者、有名スポーツ選手の海外流失です。

その背後には、政・官・業の癒着、陳情・口利き・圧力・無駄遣いの社会、特定業界と企業のために働く族議員がいます。しかし、その族議員は、私たち国民が生んでいます。

清廉潔白、勤勉、節約、親切、孝行が忘れられた日本を、どう再建しますか。

国が滅びる、国家が破産するとはどういうことかを説明します。

日本一国だけが、遺物化した中央集権的体制になぜしがみついているか。組織優先、規制・許認可の免許社会、責任の主体が不明確なために割りを食っているのは、私たち国民一人ひとりです。

行け行けドンドンの工業化で、不必要なものが目の前に次々に出現する今日を、物質文明の最終段階と理解しましょう。

地球の容量は有限で、自分勝手な人類の利己主義がこっぴどい仕打ちを受ける前に、私たちは猛反省をし、地球の征服者ではなく、地球共同体の一員として善く生きることを考えなければなりません。

私たちは待ってはいられません。

待てば待つほど、事態は悪くなります。

古い体制のしがらみを持たない若者、これまでの常識にとらわれないはみだし者、日本を脱出していたよそ者、日本の枠にとらわれない外国人、そして大切なのは高度成長の表舞台から遠ざかっていた女性……、「やればできる」の気概を持って、今のピラミッド型の階層構造を逆さにすることです。


日本人の一〇人に九人が選挙で投票に行けば、族議員が払拭されます。

自分のことは自分でする、自分が変わらなくては社会は変わらない。

私たち住民が自己責任で地域の自治を考えることが基本です。

日本国民の意志で作られていない憲法の改正論議をします。

エネルギーの自給度・食料の自給度の向上問題を理性と道理から考え改善します。

合理性のない今日の日本を国民の意志と国民行動力で改革します。

資本主義的市民社会を新しい市民社会に変えるのです。

私たちの心臓を再び鼓動させるキーワードは、競い合って新たな価値を創り出す『競創』です。

平成一五年一月一五日

NPO法人・フューチャー500理事長
元三菱電機株式会社常務取締役
木内 孝

まえがき

今日、地球環境問題は人類が直面する最大の脅威だが、国民が最も不安を抱いているのは長引く景気の低迷である。バブル期の四分の一に下落した株価、一向に下げ止まらない地価とデフレ、処理してもなお増え続ける不良債権、五％を越え改善の兆しが見えない失業率、出生率一・三三の少子化と世界第一位の長寿が同居する少子高齢化社会、三年連続して三万人を越える自殺者、反自民層を取り込めず無党派層にしている民主党、経済政策に期待が持てなくても支持される小泉首相。

このように挙げると暗い話ばかりだが、そうでもない。ＧＤＰ（国内総生産）がドイツの二倍を越える世界第二位の経済大国、国債格づけ先進国最低ながら世界最大の債権国、経常利益一兆円の超優良企業トヨタを擁する自動車大国、ワールドカップでプレミア切符を購入するフリーター、新丸ビルに殺到するおばさんパワー、街はモノと娯楽に溢れとても不況とは思えない。繁栄の二〇世紀の足跡をたどると、日本社会は著しくバランスを欠いた不思議な大国である。

われわれはこれまで、経済ならどこまでも成長一辺倒、政治なら腐敗しようが安定第一、社会なら何事も平等という物事の一面だけを見て、一つの道を突き進んできた。しかし、およそ事柄には表があれば裏があるように、経済には成長と定常、政治には安定と変革、社会には平等と競争といった両面がある。

地球上のあらゆるものは、時間の経過とともに優勝劣敗の法則による主役の交代でバランスが取られてきた。古い道教の陰陽を持ち出すまでもなく、「中央集権、地方分権」、「競争、協働」、「独立、相互依存」、「最大化、最適化」、「成長、定常」、「直線、循環」、「部分の和が全体（還元主義）、全体の調和（ホーリズム）」、「大きいことはよいこと、Small is beautiful」、「秩序、混沌」、「法律、倫理」、「グローバル通貨、地域通貨」、「理性、直感」、「物理、生命」、「男性的、女性的」、など左右対立の概念がある。

これまでの歴史の大部分において、人類は左右のバランスを取ってきたが、近代以降の五〇〇年間は「陽」の価値観が世界を支配してきた。しかし二一世紀の今日、地球環境問題をはじめ人類が直面する課題に対し「陰」を再評価し、「陰陽」の融合した新たな価値観の構築が求められる。

二〇世紀は「経済、国家、イデオロギー」が激突する時代だった。欧米支配の世界にあって、非欧米の日本だけがこの競争の優等国だった。二一世紀の世界は「経済から環境へ」、「国家から自治へ」、「イデオロギーから教育へ」と大きく方向転換している。「経済、国家、イデオロギー」が競争の原理ならば、「環境、自治、教育」は協働の原理である。そしてわれわれは「環境、自治、教育」が共通の価値観となるよう、地域から日本全国へ、日本から世界へ発信したい。

地球温暖化、オゾン層破壊、熱帯雨林減少、砂漠化、種の絶滅、土壌・海洋汚染、環境ホルモンなど複合的に関連する地球環境問題は、モノを買ったり消費したりする無意識の日常生活を通して生じている。こうした身近な営みと地球規模の影響とのつながりが見えがたいために、地球環境問題は自分たちの問題であるとの認識が希薄である。しかしわれわれは部分ではなく、全体を見ながら科学・技術、政治・経済・社会制度、意識・倫理を変えなくてはならない。

一九七〇年代初め、英国の科学者ジェームズ・ラブロックは、地球をギリシャ神話の大地の女神にちなんで〝ガイア〟と名づけ、「ガイア理論＝生きている地球」を発表した。ラブロックは、その著書『ガイア』の序章で「宇宙研究の特筆すべき副産物は新しいテクノロジーではない。その本当のボーナスは、われわれが人類史上はじめて宇宙から地球を眺める機会を持ったということであり、その球状の美に包まれた瑠璃色の惑星を外側から見て得られた情報が、全く新しい一連の疑問や解答をもたらしてくれたということではなかろうか」[1]と述べている。この疑問と解答がわれわれと地球の関係に新しい意識を芽生えさせてくれる。

公害問題は技術と裁判闘争で解決される問題であったが、地球環境問題はわれわれの地球に対する「思い」が変わらないと根本的な解決にはならない。「ガイア理論」は、われわれに新しい地球観をもたらし、地球環境問題を引き起こしている政治・経済・社会システムに解答を与える。地球環境問題はわれわれ人間の弱点である利己的、目先のことしか考えない短視眼的側面を巧みに突いている。この厄介な問題に対して、「ガイア理論」は二一世紀の人間―地球関係を提示する。

大気や水に国境が無いように、政治や経済においても「地球益」は私益や国益に優先する。地球上のものは常に成長し、一直線に増大するのではなく循環している。したがって、経済は一方向的「成長」ではなく「循環」、「相互依存」の原則によって築かれなくてはならない。相互依存は、自己の極大化ではなく社会経済的パイの中における最適化を目指す。政治・経済・社会は環境と相互に関連してバランスを取りながら統合される。

規模の大が小を制するのではなく、それぞれが全体として調和しているのがすぐれた社会である。例えば、北欧の小国デンマークやノルウェーは政治・経済・社会・環境のバランスがとれているので、都市空間の落ち着きや緑の豊さなどGDPでは計ることができない生活大国を実現している。

それに比べるとわが国は、人口や経済規模がこれらの二〇倍以上だが、無計画に進められた都市計画によって、中心市街地は空洞化し、歴史や伝統の街並みは日常から消え去りつつある。清流はダムで遮断され、自然海岸は年々狭まり、自然破壊が国土を侵食している。二〇世紀の公共事業は経済のために自然や歴史・伝統を犠牲にしてきたが、二一世紀の公共事業はこれらの修復と復活である。

企業、地域、国家などおよそ組織には、面積、人口、効率性などの適正規模がある。徳川二六〇年は鎖国のもと、資源、エネルギー、人口、社会階級などが閉ざされたループの中にあって、適正規模を維持し続けた。それゆえ江戸は世界で最もエコロジーな町だった。あらゆるものは限界まで使用され、静脈産業によって再利用、再生利用のシステムが発達し、まさにゼロエミッション社会が形成されていた。

高度成長期の日本は、世界中から資源を集め、加工、生産し国内需要を満たし、輸出産業を活発化し、経済大国を達成した。この国家戦略は、世界に類を見ないスピードで成功を収めたが、地球容量の限界を突破した今日、この路線を走ることは不可能である。

バブルが崩壊して「失われた一〇年」と言われてきた。この間公共事業に一三〇兆円を投じ、国債と借入金を合わせた国の借金が六二七兆円、地方債が一九五兆円、特殊法人、公益法人、その他さまざまな公的機関の借金合計一〇〇〇兆円になるといわれている。それでも景気がよくならないということは、わが国の国家形態が適正規模をはるかにオーバーしてしまったからである。

この二〇年間にGDPが二倍の五〇〇兆円を越えたが、図体が恐竜のように大きくなり過ぎて、血液が身体各部まで行き渡らない。この現状を打破するためには、国家の権限や財源を適正規模に分立させ、公正な「競創」が行われる社会に変えることである。

今問われているのは、明治以来一三〇年続いた中央集権体制である。政治のピラミッド型階層構造においては、中央に集中した権限と財源によって政府・官僚・自民党が都道府県を管理し、さらにその下の市町村にまでその指令を下ろす仕組みである。

こうした中央指令型支配構造は、政府がこれまで予算を湯水の溢れる如く膨大な規模に組むことができたから成り立ったのである。こうした体制において、自治体は政府からの予算獲得を至上命題とし、国民は経済成長による豊かさを最優先に求めた。この膨張予算は政府、自治体、国民全てを満足させるものだった。

しかしここには、財政の付けは全て将来世代へ先送りするという大きな落とし穴があった。経済が成長し続けている限り問題は表面化しなかったが、バブルが崩壊した九〇年代中頃から足枷となり、政府は毎年赤字国債に頼らざるを得なくなっている。二〇〇三年度予算の歳入に占める国債依存度は四四・六％と過去最悪である。税収は本年度当初比一〇・七％減の四一兆七八〇〇億円で一九八七年当時の水準にまで落ち込んだ。さらに経済の縮小デフレ傾向が改善されなければ、いずれ予算編成そのものが行き詰まる。

現在のわが国の窮状は、単なる経済政策の失敗といったものではなく、政治・経済・社会全てにおいて、中央集権体制が改革を阻止していることによる。

そこで、これまでのピラミッド型階層構造を逆さにし、上部に都道府県・市町村、そしてこれらをブロックごとに統合する単位として道州制を置き、霞ヶ関・永田町を下部に置く。

現実に税を納める住民や企業は、霞ヶ関・永田町ではなく地域に住んでいる。東京都も含め都道府県・市町村が現場実体であり、中央政府はこれらから抽象化されたものである。したがって、税は現場が徴収し、中央政府へ一定割合で納入する。産業政策、公共事業、警察、教育など住民・企業に直接関係するものは、道州政府・県・市町村が担い、効率的な行政事務を行う。

こうして政治・経済・社会を中央集権体制から分権的道州制へ変えることが日本再生の突破口になる。これは、今日政府が中央の論理で進めている市町村合併の延長ではなく、地域の自立を目指した体制の変革である。

これまでうまく機能してきた官僚主導の中央集権体制は、もはや世界経済の急激な変化に対応することができない。現在の体制を推進してきた官僚が自らを糺《ただ》し、自らが変革の舵取りをすることは困難である。

本書で展開する地方分権型道州制は、中央集権体制を補完するものではなく、権限・税源の移譲を受けた自治国家の建設を目指すものである。それは二一世紀ネットワーク社会に適応した、逆ピラミッド型行政機構の構築である。

日本国は、人口三〇〇〇万人の首都州と人口五〇〇〇～一五〇〇〇万人の一〇程度の道州が分立する道州国家から成る。

道州制国家においては、地方政治を運営する道州政府・県・市町村と外交、防衛・安全保障を担う中央政府に統治機構が分立される。道州政府は、租税徴収権を有し、生産やサービスなどの経済産業政策、地域固有の自然保全や環境政策、福祉・教育など生活関連政策、司法・警察・消防制度などを行う。

中央政府は、防衛・安全保障、国連外交・環境外交、全国の司法・警察制度、全国土にわたる海洋・河川保全などを行う。

道州制国家は、行財政の効率化、国債依存からの脱却、経済の活性化、環日本海国家や近隣アジア諸国、さらに各国との外交や道州間交流を積極的に行う。中央指令型政治から脱し、自由・自立の国民精神を生み出し、競創と協力の原理による環境主義経済を国家戦略の軸とする。

換言するならば、分権型道州制国家とは、日本国内のEU化を意味する。EUにおける四五〇〇万人のノルウェー、八九〇〇万人のスウェーデン、五二〇〇万人のフィンランド、五三〇〇万人のデンマーク、一五八〇〇万人のオランダと、五九〇〇〇万人の英国などが連邦を形成しているような形態である。

二六〇〇年続いた徳川幕藩体制、一三〇年続いた中央集権体制に続く、分権型道州制国家では、「環境・自治・教育」の実現を目指し、環境主義経済による真の豊さの享有を国家目標として掲げる。

経済の日本売り、有名スポーツ選手の日本離れ、外交の日本軽視など、日本人がバブルに浮かれている間にすっかり風向きが変わった。しかし、歴史は発展や衰退を繰り返しながら、時代の役割を担っていくものである。われわれ日本人は、日本文化の潜在性、自然観、風土、そして何事も柔軟に受容する国民性をもって世界に貢献してきたし、これからも貢献していかなくてはならない。「環境立国日本の選択」に向けて第一歩が始まった。

本書は、「まえがき」で全体の概観を述べた。

二一世紀に入り、地球環境問題は議論や研究の段階から、人類生存のための選択肢の段階に入った。ガイア理論に基づく新たな地球観や過去の社会科学の理論を問い直すことは、未来への松明《たいまつ》であり、われわれに最善の選択を可能にする。一八世紀のアダム・スミスの「共感理論」やオルテガ・イ・ガセット、アルド・レオポルドといった二〇世紀前半の欧米の思想家に、今日の地球環境問題への根本的アプローチを見ることができる。

第一章は地方の知事からの視点、第二章は中央政府からの視点で道州制を述べたものである。第三章はそれらを受けて分権型道州制国家の結論を述べたものである。第四章は地球的視点からガイア理論を展開したものである。地域の政治・経済を担う代表的立場の方々との対論や主張を関連する章の後に載せた。

第1章

知事の反逆

改革派知事の登場

知事は、明治の廃藩置県によって生み出された地方行政の最高責任者である。一九四五年を境に地方自治の必要性が憲法にも謳われ、官選知事から民選知事へとその性格、権限は変わったが、知事の名称は明治以来そのままである。

一八七一年、薩摩・長州・土佐三藩の軍事力を背景に廃藩置県が断行され、それまであった二六一の藩は同年末までに三府七二県となった。さらにその後三府四三県に統合されたが、県の行政区画は明治の太政官制から今日まで変わらない。

この廃藩置県により、独立採算財政を採る藩という行政単位は消滅し、強力な中央集権国家が成立することになった。これにより明治政府は各藩が抱えていた人口の約七％・二〇〇万人を超える武士の再雇用を免れ、新政府の財政軽減策に貢献した。

今日、議論の渦中にある市町村合併の狙いも、三二〇〇市町村を一〇〇〇程度に統合することによって、合法的に公務員の大幅削減を実現することにある。これが実現されると、終身雇用の親方日の丸意識が変わるかも知れない。

市町村合併は、特例法期限の二〇〇五年三月まで今後ますます加速されよう。三千余の市町村が予定通り一〇〇〇程度になった場合、首長や特別職の行政職員は三分の一、さらに五万八〇〇〇人ほどの議員は半分以下となり、行政経費は大幅に軽減される。

これにより国民・企業の税負担が軽減され、許認可・規制緩和による民間活力の拡大が期待される。しかしこの際、行政の規模ばかりではなく、縦割りの組織そのものが改革されなくてはならない。

縦割り行政の最大の弊害は、例えばダム事業においては、自然の持つ多様な面を治水・

利水と発電といった機能からしか見ないことである。川は森と海をつなぐ生態系の連絡網であり、ダムは緑の水源であり、水辺環境は人間も含め全ての生物のオアシスである。しかし、土木的視点からはこうした自然価値が欠落している。

情報化とモータリゼーションの発達に伴う生活圏の広域化によって、現在の市町村は規模やサービスにおいて地域の生活実体にそぐわないものになっている。また、バブル経済期に肥大した地方自治体財政の健全化も急務である。

こうした地方行財政の現状を克服するためには、真っ先に行政の効率化が着手されなくてはならない。しかし、行財政のスリム化によってサービスが低下するのではないかと懸念される。とくに過疎の山村や、空洞化した中心市街地に住む高齢者の日常生活に直接影響を与えることが危惧される。

行政サービスは、第一に生活弱者の基本的・文化的生活の維持に向けられるが、それは画一的なものではなく、個別的な要望に応えるものである。そのためには、より身近な小学校単位や集落単位の行政サービスが必要となろう。

さらには、これまでのようななんでも行政にお願いではなく、地域の扶助・連帯によって個性ある生活空間を創造する土壌づくりが大切である。

このように市町村合併は、国・地方自治体・住民それぞれが同床異夢の観を呈しながらも、昭和の大合併以来、半世紀ぶりに平成の大合併が進行しつつある。

ところで、わが国の歴史的地政、人口構成、潜在的経済力を考えた場合、市町村合併による行政の効率化はあくまでも改革の第一弾である。目指すべきは、政治・経済・社会全てにおいて閉塞状態にあるこの国の再生である。そのためには、中央集権国家から分権型道州制国家への変革が最も有効な施策である。

しかし、一三〇年続いた中央集権からの脱却は容易ではない。政府の地方分権推進会議が発表した最終報告によると、地方分権に最も必要な財源移譲が、財務省や事業官庁の抵抗に遭い見送られている。

中央省庁の反発は当然予測されるところであり、小泉内閣は「地方交付税、補助金、税源移譲を三位一体で進める」ことを明確に示しているのだから、小泉総理自ら政治決断すべきである。今この機を捉えれば、わが国の潜在能力は高いので再生の軌道に乗るが、この機を逃せば国家破産への道をたどることにもなる。今日われわれは、未来への飛躍か長期低落かの岐路に立っている。

二〇〇二年一一月一四日、金沢市で中部圏知事会議が開かれた。

今回からトップが自由に意見を交わすように見直され、九人の知事が「市町村合併」や「都道府県の将来像と道州制」をテーマに活発な意見交換を行った。以下は新聞報道による。

市町村合併や生活圏拡大に伴う「県のあり方」について、谷本正憲・石川県知事は「県のエリア、役割をどう考えるか議論になる」と述べ、中沖豊・富山、栗田幸雄・福井の両県知事も、そろって「県合併は避けられない」との認識を示した。

新たな広域行政の姿として、論議が深まる道州制や具体的な県合併に関しては、中沖知事が持論の北陸三県に新潟を加えた「越の国」構想に言及。栗田知事は「課税権、司法権、教育などが議論になる」と指摘し、谷本知事も国からの税財源の移譲を課題に挙げた。北川正恭・三重県知事は「道州制や連邦制は必然的に起こってくる。将来都道府県の範囲が崩れるのが前提で、現在も県境を越えた機能分担を進めている」と強調した。梶原拓・岐阜県知事は「将来的には連邦制に近い道州制で、自立・主体性の強い自治体を作るべきだ」と主張。神田真秋・愛知県知事も「単なる県同士の合併では意味が無い。連邦制に近い姿があるべき状態だと思う」としつつ、「憲法にも関わる問題でかなりの議論が必要だ」と語った。

一方、道州制の導入には慎重な意見も相次いだ。国松善治・滋賀県知事は「市町村合併の行方が見えておらず、国の姿をどうするのかも議論する必要がある」。石川嘉延・静岡県知事も「議論としては面白いが、制度としての整理がなされていない」とした。田中康夫・長野県知事は「個人に立脚せずに、形だけ考えるのではだめだ」と述べた。

（『北陸中日新聞』二〇〇二年一一月一五日付）

失われた一〇年を克服し、国家財政、経済再生、地方自立、住民自治を本当に実現するためには、市町村合併および道州制と同時に霞ヶ関・特殊法人の構造改革が断行されなくてはならない。国・地方合わせて四四〇万人にのぼる公務員の財政負担は、年間四四兆円にもなるといわれるが、国・地方公務員の大幅削減が国家財政窮状の第一の打開策である。橋本内閣が行った行政改革の目的も、公務員削減や特殊法人改革など痛みを伴った行政のスリム化にあったはずであるが、実態は単なる省庁の寄せ集めであり、その付けが重くのしかかっている。

二〇〇〇年四月に施行された地方分権一括法は、財源移譲に関しては不十分だが、中央はもうこれまでのように、地方の面倒を見る余裕が無くなったことの宣言効果はある。地方は、否応無く自立を目指さざるを得なくなった。

こうした国家一〇〇年の大変革が、中央主導か地方からの力によって行われるかは、今後の国のあり方を大きく左右する。変革は、これまでの舞台の主役の交代であって、中央の発想ではなく、地方から中央に向かって押し寄せる変革の力によってなされるべきである。これを好機に先端を切って変革をするか、はたまた乗り遅れるかによって、できあがってくる道州制国家の中身は大きく変わることになる。

早速、現状打破を仕掛けたのは、石原都知事を中心とする首都圏知事・市長による「首都州」構想である。首都圏の七都県市―東京、神奈川、埼玉、千葉、四県と横浜、川崎、千葉三市の政令指定都市―が「首都州」として、国に対して一定の自主財源を確保しようとして動き出した。

地方分権も、財源の裏づけなくしては絵に描いた餅に過ぎない。そこで東京都や三重県は外形標準課税や産業廃棄物税などの自主財源を内外に表明することにより、これまで国が独占していた特定財源に切りこみ、財源移譲を勝ち取ろうとしている。

一九九八年、情報交換と独自の政策実現を目指した知事の連合体として「〝地域から変わる日本〟推進会議」が結成された。構成メンバーは、北川正恭（三重県）、橋本大二郎（高知県）、増田寛也（岩手県）、片山義博（鳥取県）、梶原拓（岐阜県）、浅野史郎（宮城県）、寺田典城（秋田県）、木村守男（青森県）の八人。以後、この人たちが改革派知事と呼ばれるようになる。

呼びかけたのは、月尾嘉男東京大学新領域創生科学研究科教授である。月尾教授は知事との対談を重ねていく内に、知事の心中に地域を変えることによって日本を変えようとの共通意識があることを見て取った。

こうした意識を顕在化させるためには、それぞれの知事が一人ひとりで国に対抗するよりも、皆で集まればもっとインパクトのある動きになるとの思いで呼びかけた、という。

この推進会議の性格について、教授は「地域から日本を変えていく」のではなくて、「地域が変わることの結果として日本が変わる」ことを強調する。つまり知事が圧力団体となって国を変えようというのではなく、知事の見識とリーダーシップにより新しい地域像を示し、自らが変わっていくことによって、こうした動きが広がりと実効性を持てば国も変わらざるを得なくなる、との考えだ。

道路公団民営化推進委員会に反旗

シンポジウムの開催や情報交換を積み重ねるなかで、これら改革派知事は、地域住民の生活に直接影響のある「道路公団民営化推進委員会」の議論に対して、具体的なアクションを起こした。

二〇〇二年八月末、新聞各紙は、地方高速道路建設凍結を押しつける民営化推進委員に対し、改革派知事たちが一斉に立ち上がった。『地方の声無視された』、『地方に高速道路必要・三重県知事ら〝地方委〟設置』という見出しで、改革派知事による中央政府への反論を大きく報道した。

「今後の高速道路建設のあり方を巡って、地方の知事が連携して、政府との協議機関設置を目指していることが二七日、明らかになった。

三重県の北川正恭知事は、日本道路公団の民営化を検討する政府の〝道路関係四公団民営化推進委員会〟の議論が、建設凍結も含めて急ピッチで進むことを警戒。〝知事連合〟として正式協議の場を求めることで推進委の議論を牽制するとともに、政府に予定通りの高速道路建設を迫る」。

北川知事は推進委の論議について、「中央から地方を見るだけで、地方から中央を見てどうかという議論があまりにも薄い」と批判。建設凍結論について、「新道路整備五ヵ年計画を閣議決定した前提を国が壊すなら、お互いの話し合いがあるべきだ」と述べ、小泉首相に対し、近く協議機関の設置を求める考えを示した。

今月初め、北川知事は岩手、岐阜、和歌山、鳥取、高知の五県知事とともに、「建設凍結に反対する〝これからの高速道路を考える地方委員会〟を設立。協議機関設置の動きは、この組織が母体になるものと思われる。また大分県の平松守彦、鳥取県の片山義博両知事は、二六日の自民党会合で、推進委の議論を批判。多数の知事が推進委に反発を強めているだけに、〝知事連合〟の輪が広がる可能性も高い」。

（『北陸中日新聞』二〇〇二年八月二八日付の記事より抄録）

「北川正恭三重県知事ら六県知事は九月七日、〝これからの高速道路を考える地方委員会〟を設立し、民営化推進委に地方の意見を踏まえた審議を求める緊急提言をまとめた」。

東京都千代田区の都道府県会館で行われた各知事の意見交換会で、北川知事は「高速道路の建設を前提とした地域の計画が一方的にダメにされれば、積み上げてきた行政の信頼はどうなるのか」と民営化推進委を批判。記者会見で〝改革派知事〟としての立場と〝抵抗勢力〟的言動との整合性を問われた際は「地方分権で国と地方は対等協力の関係になったはずなのに、一方的に破棄されるやり方が多すぎる。それを議論するよい課題でもある」と応じた。
　この地方委員会には、鳥取県の片山義博、和歌山県の木村良樹、高知県の橋本大二郎の各知事が出席、岐阜県からは奥村和彦副知事が代理出席。「道路公団の経営効率化と高速道路建設の見直しは別々に議論すべき問題」などと主張した。
（『北陸中日新聞』二〇〇二年九月八日付の記事より抄録）

ここで、改革派知事の業績を簡単に紹介したい。

北川正恭　一九四四年三重県生まれ。早稲田大学商学部卒。三重県議三期を経て、八三年から衆議院四期。九五年三重県知事、現在二期目。中部電力芦浜原発計画を白紙撤回、県庁に事務事業評価システムや全国初の産業廃棄物税などを導入。

片山義博　一九五一年岡山県生まれ。東京大学法学部卒。七四年旧自治省入省、鳥取県総務部長、自治省府県税課長。九九年鳥取県知事。情報公開を徹底するために、県職員に対する県議からの意見を全て文書化する「文書化制度」を〇二年八月から実施。

梶原拓　一九三三年岐阜県生まれ。京都大学法学部卒。五六年旧建設省入省、都市局長など。八九年岐阜県知事、現在四期目。地方主導で公共工事を見直す知事グループのメンバー。遷都論、財源と権限を伴った地方分権論を主張。

木村良樹　一九五二年大阪府生まれ、京都大学法学部卒。大阪府副知事を経て九九年和歌山県知事、現在一期目。政府の「緊急地域雇用創出特別基金」を利用して、リストラで失職した人たちを森林作業員として雇用。二〇億円をつぎ込み、環境保全をキーワードに、雇用確保と森林再生を図る。

橋本大二郎　一九四六年生まれ。慶應義塾大学卒。七二年日本放送協会入局、報道記者となり、昭和天皇が病に倒れたときには皇室担当記者として、端整なマスクと整然とした語り口で国民の注目を集めた。一九九一年、麻布高校時代の同窓生に推され、全く無縁の高知県知事に当選、現在三期目。九六年、都道府県で初めて、職員採用についての国籍条項を撤廃。減反政策への非協力、高知港の非核港湾条例など、国の意向に反してまでも、地域住民の安全や独自政策を貫いている。

増田寛也　一九五一年東京生まれ。東京大学卒業。七七年旧建設省入省、河川局河川総務課企画官などを経て、九五年岩手県知事、現在二期目。岩手県は県の中では最も広くて過疎地を抱えているので、県全域をつなぐ情報ネットワークの基盤整備を行い、毎日の環境情報やゼロエミッション構想など、情報を使った先進的な環境政策を展開している。日本で初めて地域の自然と文化や伝統を博物館として情報ネットに結びつけた「エコミュージアム」を作り上げている。

浅野史郎　一九四八年宮城県生まれ。東京大学法学部卒。七〇年旧厚生省入省、障害福祉課長、生活課長。九三年宮城県知事、無党派知事として現在三期目。地方分権研究会メンバー。

石原慎太郎　一九三二年生まれ。一橋大学卒業。六八年参議院全国区トップ当選、七二年より衆議院議員として連続八期。七六年環境庁長官、八七年運輸大臣を歴任。九九年から東京都知事、現在一期目。真っ黒な粉塵を出すディーゼルエンジン車の浄化装置の設置を義務づけ、二〇〇三年一〇月から段階的に規制を導入する。

改革の旗手たる知事

改革派知事は「県民の生命、財産を守ること」を行政の最優先事項に据え、単にメッセージではなく、具体的な政策を実行に移すことによって行政の透明性を住民に示している。さらに、情報公開によって、権限も財源も中央に集中した現体制における地方自治の限界を住民に知らせている。こうしたことによって、住民は行政の優先順位を知り、責任の共有を図ることになる。

改革派知事は、誰もが反対し得ない「環境」と「情報公開」を戦略の中心に据え、マスコミを味方につけながらこの壁を突破しようとしてきた。彼らは環境や情報の専門家ではないが、「環境」と「情報」が住民の生命、健康、財産の保護を実現するための最大多数の声であることをよく理解している。

北川三重県知事は、中部電力芦浜原子力発電所計画の白紙撤回、増田岩手県知事は自然・再生可能エネルギーに関する情報網の整備と環境首都宣言、堂本千葉県知事は東京湾三番瀬の埋め立て計画の大幅見直し、石原東京都知事はディーゼル排ガス規制、木村和歌山県知事は雇用と山林再生、田中長野県知事は脱ダム宣言の実行、浅野宮城県知事、片山鳥取県知事は徹底した情報公開、大田徳島県知事は出直し知事選で、吉野川可動堰計画の撤廃を公約して当選した。

中部電力が三重県南島町と紀勢町の境界付近に芦浜原子力発電所建設計画を発表したのは、東京オリンピックが開催された一九六四年である。その後、南島町議会が反対、紀勢町議会が賛成の議決をしたため、両町のいがみ合いが始まった。以来三七年間にわたり、賛成・反対両派住民の対立により、親戚の葬式や結婚式にも行けないほどに地域コミュニティが崩壊してしまった。

北川知事は、発電所ができるかできないかといったエネルギーや経済政策を超えて、地域住民の基本的生活が危機に侵されている現状を改善することが最大の課題だと判断した。つまり知事が芦浜原発の中止を決断した理由は、住民の生命や財産の前提となる生活を守るためだった。

この北川知事による芦浜原発の中止は、中部電力に推進計画の白紙撤回を促し、さらに国の原子力政策の変更にも及んでいる。国の原子力委員会では、従来二〇基造るとしていたのを、当面は一三基、さらには八〜一二基と減らす方向に働くこととなった。

鳥取県の片山知事は、地方分権を実現するためには、まず議会の改革が必要との考えから、一九九九年五月の当選後初の臨時議会で次のように挨拶した。

「私は、県政に対する議員各位の率直で忌憚のない意見と判断を求めます。私が議会にお諮《はか》りする案件について、県民の意志が他のところにあるとすれば、ためらうことなく修正を加えていただきたいと思います。また、私がお諮りしない案件につきましても、県民の意向を踏まえて必要があれば、議員各位の発議により条例の制定などに取り組んでいただくことを望みます。これらのことでの遠慮は、私には無用でありますし、これがそもそもわが国地方自治制度が想定している議会本来の姿でもございます。県政にずれがあるとすれば、それはもちろん執行部の責任でありますが、同時に議会の責任でもあります。私は県民の代表として、真に県民のための県政を実現するために全力を尽くします。議員各位におかれましても、同じく県民の代表として県民の総意を県政に反映させるべく、積極果敢な議会活動を展開されることを切望する次第でございます」

片山知事の発言の趣旨は、たとえ知事の提出案件であっても、議会の議論によって結論が変わりうることをアピールしている。つまり、議会とは首長や執行部をチェックする機関であり、議会の場で十分議論されることが本来の姿であるが、現状は本来の意味での議論があまり行われていない。

知事・執行部と議会与党会派は、議案提出前にすでに根回しが済んで結論は決まっているので、議論は簡単に済ませて早めに議案を通すことしか考えていない。したがって真剣な議論にほど遠く、単に儀礼的なものに過ぎない。

筋書きの決まっている芝居を見るために、わざわざ議場まで足を運ぶ人はいない。議場はその日の質問者が動員した支持者ぐらいで、こうした事が一般住民の議会への無関心さを増大させている。これは、おそらくどこの地方議会でも見られることであり、住民から地方政治への関心を奪っている最大の原因である。

権力を形成・行使する国政は、政党の数による力が支配的となるが、地域形成、住民サービスの実現を第一とする地方行政はむしろ脱政党が本来の姿である。対立よりは合意、少数切り捨てよりは少数意見を尊重する議論の過程においてこそ、中央政党から自立した公正な行政サービスの実現が可能になる。

市民・住民の生命、財産、安全というきわめて現実的な要請に応えるためには、地方議会が政党という権力の束縛からフリーハンドとなって、各議員の見識と専門性が発揮される場とならなくてはいけない。そして、政策課題ごとに政党の垣根を取り払った議員プロジェクトチームが形成され、住民の声が政策に反映されるようになれば、地方議会、行政が活性化される。

片山知事の挨拶は、議会との真剣な議論がこうした現状を打破し、知事の掲げる住民の生命、財産を守るために不可欠であると考えた末のことであろう。しかし、そればかりではなく、九九年当時とは状況の変わった今日において、鳥取の事例が、「議会は首長との論戦の場である」という道州制の未来像を先取りしている。全国最小人口の鳥取県の首長・議会関係が、将来の道州制のスタンダードとなる先験的施策ではないか。

道州制への移行は、単に県の連合体ができるのではなく、地方自治を本質から変えるものである。税・財政の自立は当然住民の自立を促し、企業・個人の能力が最大限発揮されなければ生き残れない状況を作り出す。

道州内の〝競創〟と道州間の多様性により、日本全国が地域の特性を出しながら活性化される。こうした〝競創〟と多様化は、量や大きさを目指すものではなく、それぞれ地域に適したサイズがあり、知恵が作り出す生活の質の高い社会である。二一世紀は、数から質へ、外形から内容へ転換する時代である。

一九八二年度のGNPは二六六兆円だったが、二〇〇一年は五〇〇兆円を越えている。わが国の経済サイズは、この二〇年間で約二倍になった。この間、インターネット網が世界に張り巡らされ、世界経済は予想をはるかに超えたスピードで激変している。しかし、肥大化したわが国の一極集中経済は、あたかも六五〇〇万年前の惑星衝突により絶滅した巨大恐竜のように変革について行けない。

経済再生のためには、肥大化した中央の行政事務を地方に移管し、中央政府の権限は外交・防衛・安全保障に特化し、格段とレベルアップした国家戦略機構を確立する。道州政府は、地域の現場において生活大国を実現するための具体的施策を行う。

資本主義経済においては資本の効率的投資が政策課題だったが、環境主義経済においては政治・経済・社会を統合するグランドデザインに基づいた人間の能力投資が重点政策となる。地殻から掘り出す資源やエネルギーは有限だが、人間の能力は無限である。したがって、職業を通して能力が十分発揮され、より豊かな自然が身近に存在し、石油や石炭などの化石燃料に頼らない風力、太陽光、バイオマス、小型水力、地熱、波力など地域の自然や水素エネルギーによる循環型社会への転換を目指す。

適正規模の道州制国家では、環境、自治、教育が調和した生活大国を実現することができる。このような社会はまだ実験途上であるが、ＥＵ諸国、とくにノルウェー、デンマーク、スウェーデンなどでは一定段階まで到達している。

道州制国家においては、「住民参加」と「情報公開」は不可欠である。なぜならば、道州政府・県・市町村と住民は、現場の行政事務の効率化とコスト削減を実現するために、自ら主体的に関わることになるからである。

「住民参加」は責任と創造性を生み出し、「情報公開」は行政事務の必要性や効率を検証する。従来のピラミッド型行政ではない、住民創造型行政は、自己責任の原則に貫かれている。

ネットワーク型社会においては、生活者の視点に立ち、住民自らが公益の実現に関与するシステムが構築されなくてはならない。

これは行政事務評価制度の導入や効率化、縦割り行政からプロジェクト型行政、コスト意識による不要行政の削減とともに、行政のアウトソーシング（外部委託）や民間資金を活用するＰＦＩ（Private Finance Initiative）などの手法を併用し、企業・市民・ＮＰＯが、行政と真のパートナーシップの関係に立って行う新しい社会統治（Social Governance）である。

長野の乱から学ぶ

アメリカの一流紙が日本の地方政治家を記事にするのは大変稀なことだが、『ワシントンポスト』の言葉を借りれば、田中康夫長野県知事は「改革を唱える異端児」だそうだ。田中知事は県議会と対立して失職を選択したが、出直し選挙では議会に対して圧倒的な勝利をもって、旧体制に強烈な反撃を加えた。

一連の出来事は、マスコミを通して全国に報道されたのでよく知られているが、概要は次のようである。

二〇〇二年七月五日、長野県議会は田中康夫知事の不信任案を可決した。県政に対する明白な失政があったわけではなく、「根回し」を一切しない知事の政治手法に対する県議会側の強い不満が暴発したことによる、前代未聞の不信任劇であった。

これによって、国会議員と市町村議員の狭間にあってなんとなく判然としない県議会議員の実態が白日にさらされることとなった。そこには、長野だけの特殊事情とは言えない、わが国地方政治(中央も然りだが)の民主主義の未熟さが見えてくる。

この一連の過程において分かったことは、知事と県議の「根回し」は協調関係を保つ上で不可欠であり、「根回し」無しの関係はきわめて稀であるということである。

それでは「根回し」を悪として根絶すれば事足りるかというと、問題はそれほど単純ではない。憲法に謳われ民主主義の学校と評された地方自治とは名ばかりで、そこには中央集権を侵さないようにオブラートを被せた地方政治の現実が垣間見えてくる。つまり知事と県議会の関係において、制度上圧倒的な力の差を存在させることによって、国の意向を地方に押しつけてきた半官半民主主義の地方自治がある。

これによって、国から配分された予算を執行するという強大な権限を独占する知事に対し、法律上認められている議員の対抗手段は、現実にはほとんど機能しない。したがって、制度上独裁者になりうる知事が、自己の権限を自制するためになされる「根回し」は善であるとも言える。

しかし、県議のお伺いを聞き置くお上意識から、あるいは声の大きな人、好みの人の意見を聞くために、儀礼的、恣意的に行われる「根回し」は悪である。そこには、知事在任期間の長さに比例して強大化する〝根回し悪増大の原則〟があるようだ。

アメリカでは、大統領も知事も二期の任期制を取っているが、この変化の激しい時代においてトップに立つ者の意欲や能力も、二期ないし三期の期間で消耗されるのだろう。

しかし、問題の本質は「根回し」が善か悪かということではなく、「根回し」は情報公開および行政の透明性という時代の流れに逆行するということである。したがって、「根回し政治」からは、地方の自立や健全な民主主義は育たない。

道州制における地方自治を確立するためには、地方議員の立法権を大幅に認める地方議会の構造改革が必要である。つまり県議は、知事の予算執行権の制約を伴う修正権および条例制定権を法律上有すべきである。

日本国憲法第四一条「国会は国権の最高機関であり、唯一の立法機関である」との趣旨を地方政治にも浸透させるために、地方自治法に「地方議会は地方自治の最高機関であり、それを実現するために予算を伴う条例制定権を有す」という条文が加えられるならば、地方議員が「Law Maker　立法者」としての本来の仕事に専念することができる。

今日、議論されている市町村合併やその先にある道州制が、明治以来のこの国の形を変え、わが国の民主政治を実現するエンジンとなるためには、こうした権限と同時に財源を担保する地方政治の構造改革が不可欠である。そうすることによって、中央と地方の関係が、命令―服従の関係から相互補完関係へと変革される。

このように見てくると知事と議会の関係は、一般的に言われるような「車の両輪」ではない。現実は広範な権限を持つ知事に対し、ほとんど対抗手段を持ち得ない議員という構図である。したがって同じ県民代表の立場とはいえ、言葉は悪いが「口利き」や「陳情」、あるいは「圧力」が議員活動の相当部分を占め、大きな前輪に付属した後輪に過ぎないとも言える。

「根回し」とは、この「口利き」、「陳情」のことであり、長野の議員はこれが閉ざされたことによって、まさに存在を否定されたことになった。なおかつ、田中知事のように提案する予算が公共事業を圧縮したものであるならば、議員の予算修正動議の提出さえも必要としない。

田中知事の圧勝という結果は、県議の存在意義、知事をチェックし対抗する法的手段のあり方といった、地方自治の根幹を問う新たな課題を提供した。

それでは、現行地方自治法において、議員にはいかなる権限が付与されているか。

地方自治法においては、知事の予算執行権（地方自治法第二二〇条・以下法）に対し、八分の一以上の議員によって修正案の動議（法第一一五条の二）を提出することができる。しかし、議案提出権（法第一一二条一項）について、「普通地方公共団体の議会の議員は、議会の議決すべき事件につき、議会に議案を提出することができる。ただし、予算については この限りではない」と規定する通り、予算に関しては除外事項となっている。

現実に知事の提出した予算案に反対するとなると、歳入歳出全体の変更手続きや予算案を作成した部局の抵抗などがあり、大変困難であろう。したがって現行法上、議員は強大な権限を持つ知事に対抗する手段はほとんど持たず、党派や人間関係に大きく左右されているのが現状である。

しかしこれでは、真の住民益を実現する政策プロセスが保障されない。**これからの議員は、専門性と市民感覚を備え、幅広い市民、ＮＰＯなどと協力して地方政治の構造改革の核とならなくてはならない。**

三重発！
白紙からの価値創造

北川正恭（三重県知事）

三重県では、環境経営の理念のもとに、「最適生産・最適消費・廃棄物ゼロ型」の社会形成を目指しています。県民や企業の皆さんとコラボレーションで環境先進県づくりを進めるためには、三重県庁自らが信頼できるパートナーとして認めていただくことが大切です。まず「隗《かい》より始めよ」。率先実行で、三重県庁自体を「環境にやさしい県庁」にすることを県政の重大政策に挙げています。

以前、一九九八年の県政の方向等を決める戦略会議で、県庁内のゴミ箱をゼロにしようと提案し、それだけで三時間ほど議論をしたことがあります。ゴミの量を減らすために一〇％減らそうとか、五％減らそうというのは、職員はすぐにやってしまいます。けれども、もとの九〇％は残ってしまうわけです。

私からはこう提案しました。「今、三重県庁に求められているのは、ゴミを何パーセント減らせというよりは、ゴミをゼロにすることではないか。ゼロにするためには捨てる場所をなくせばよい。ゴミ箱をなくしたらどうか」。これに対して、「私どもの部では、整理整頓などの5S運動を展開しているから、こんな不便になるようなことはやめた方がよい」、「風邪を引いたときに、鼻紙はどこに捨てればよいのか」など、侃々諤々《かんかんがくがく》の議論がありました。しかし、「だからやらない」ではなく「だけどやろう」と決定して実行したのです。

三重県庁をぜひ訪れていただきたいと思います。各階に分別箱を置き、個人の机の下のゴミ箱は全部なくしました。そのゴミ箱は県庁の庭の花のポットに再利用されています。これを契機にゴミの量は八〇％減りました。やればできるのです。捨てる場所がなくなれば、机の上のゴミを丸めてゴミ箱に捨てることもなくなり、分別して再利用に回すから資源となります。まさに「混ぜればゴミ、分ければ資源」です。

次に、紙がなくなれば、当然ゴミはもっと少なくなることに気づき、種々の連絡には電子メールを使うことが多くなりました。さらにペーパーレスを進めるには「ロッカーをなくせばよい」ということになって、ロッカー数は半分以下になりました。引き出しがあるためについつい紙がたまるということもあるから、机の引き出しをなくしてキャスター付きの小さなロッカーに変えました。同時に座席を固定しないフリーアドレスにした結果、固定した机がどんどんなくなり始めました。

グリーン購入にも真剣に取り組んでいます。当初、グリーン製品の方が価格が高いという問題がありましたが、現在では、その市場が成立、供給が拡大し、グリーン製品の方が安くなってきたものもあります。三重県庁では、日常的に購入する物品のうち九五％が環境配慮型の商品になりました。こうした取組みを積み重ねてきたことが評価されて、昨年（二〇〇一年）、グリーン購入ネットワークから「グリーン購入大賞」をいただいたところです。

県庁が率先実行していく一環として、ISO14001の認証取得も進めてきました。ISO14001の世界は、数字と文字だけで全部書いて、何年に何％達成するということです。また、内部で自分たちが頑張りましたというのではなくて、外部が厳然と評価するのが特徴です。二〇〇〇年二月に三重県庁本庁舎が、二〇〇一年三月にはすべての地域機関で認証を取得しました。定期的な人事異動なども考えると、ISO14001は本庁舎だけではなくて、すべての地域機関で取る必要があると思ったからです。

こうした取組みの結果、本庁舎だけで、三年間で約一五億円も経費が節約できる見込みとなりました。これもひとつの環境経営だと思います。論より証拠で、まずは自分のところがこれだけやりましたから、市町村の皆さん、やりませんか？　こう言って、進めたところ、二〇〇二年には三重県にある六九の市町村のうち、五六が認証を取得する予定です。こうなると三重県の市町村は抜群に日本一の取得率になります。中小企業の皆さんの取得率は現在全国二位ですが、こちらも日本一を目指して全力をあげて取り組んでいます。

このように、ひとつのことに対する思い込みを打破して、やり始めれば、次から次へと気づきが生まれて進化していくものです。ゴミ箱をゼロにした話にしても、従来の発想で「ゴミは減るものだ。だからそれを減らそう」と言うだけでは抜本的な体質改善にはつながりません。効率の追求もさることながら、ゴミをなくそう、ゴミ箱をなくそうと発想を転換し、根本から考え方を改めて実行したからこそ、進化が始まったのです。大切なのは「気づき」です。「あっ、そうだったのか」ということを放置せずに、全体のつくり直しにつなげていくことが必要なのです。

今、日本のあらゆる組織に求められているのは、過去からの積み上げ等を既存の組織や感覚を残して部分的に改善するより、一度すべてを白紙にして、ゼロベースで新しい価値を創造しようという情熱ではないでしょうか。社会を構成するほとんどの前提が大きく変わったのですから。

毎日更新　ホームページ「三重の環境」(http://www.eco.pref.mie.jp) より転載

第2章

官僚政治の限界

失われた二〇年

新聞報道によると、財務省は二〇〇二年八月二九日、二〇〇三年度の一般会計予算に向けた各省庁の概算要求をまとめた。

総額は、二〇〇二年度当初比三・四％増の八四兆二〇〇〇億円である。政策的経費の一般歳出を一・二％増に押さえても、国債費（三・七％増）、地方交付税交付金（九・五％増）など義務的経費の伸びを押さえきれず、〇二年度当初予算を大きく上回っている。

財務省は、二〇〇三年度予算の一般会計と一般歳出を「実質的に二〇〇二年度以下に抑制する」とした閣議決定に基づいて、年末までの査定作業で圧縮を図る。しかし、〇二年度並みの実現には大幅な削減が必要であり、きわめて厳しい予算編成作業になるのは必死である。そうなると国民生活に関わりが深い社会保障や公的サービスの低下などが懸念され、政府・与党と各省庁の折衝は難航しそうである。

財務省は具体的には、地方交付税交付金の削減や年金・医療など社会保障関係費の抑制に伴う制度改革と連動して、歳出を圧縮するシナリオを立てている。経済財政諮問会議での制度改革の集中審議では、小泉首相は地方財政の国庫補助負担金（国庫支出金）、税源移譲、地方交付税の「三位一体の改革」を打ち出した。これを受けて、片山総務相は、教員約七〇万人の給与を半額負担にする文部科学省の義務教育国庫負担金（三兆円）の削減を示唆した。さらに国家公務員の退職金削減の方針も示した。（表1）

二〇〇二年一二月二〇日、この概算要求に基づく二〇〇三年度予算の財務省原案が内示された。（表2）

表1　2003年度一般会計予算の概算要求と財政投融資計画

一般会計総額	84兆200億円	(02年度81兆2300億円)	3.4%増
一般歳出	48兆1000億円	(02年度47兆5472億円)	1.2%増
国債費	17兆2900億円	(02年度16兆6712億円)	3.7%増
地方交付税	18兆6200億円	(02年度17兆116億円)	9.5%増
財政投融資	26兆5600億円	(02年度26兆7920億円)	0.9%減

表2　2003年度一般会計予算の財務省原案

一般会計総額	81兆7891億円 (0.7%増)	(　) 内は前年度当初比
歳出		
一般歳出	47兆5922億円	(0.1%増)
国債費	16兆7981億円	(0.8%増)
地方交付税	17兆3988億円	(2.3%増)
歳入		
税収	41兆7860億円	(10.7%減)
税外収入	3兆5581億円	(19.4%減)
国債発行	36兆4450億円	(21.5%増)

家計では、収入を考え、それに応じて支出が決まるが、国家予算は逆にまず歳出を考え、それに見合う国債の発行で歳入の帳尻を合わせる。二〇〇三年度予算では、税収は一般会計総額の半分程度の五一％にまで落ち込み、国債依存度は過去最悪の四四・六％に達している。（図1）

二〇〇三年度予算の歳出中身は、二〇・五％が国債の償還と利払い、二一％が地方の歳入不足を補う地方交付税交付である。これらを差し引いた国の実際の政策的経費に当てられる一般歳出は約五八％に当たる四七兆五九〇〇億円である。

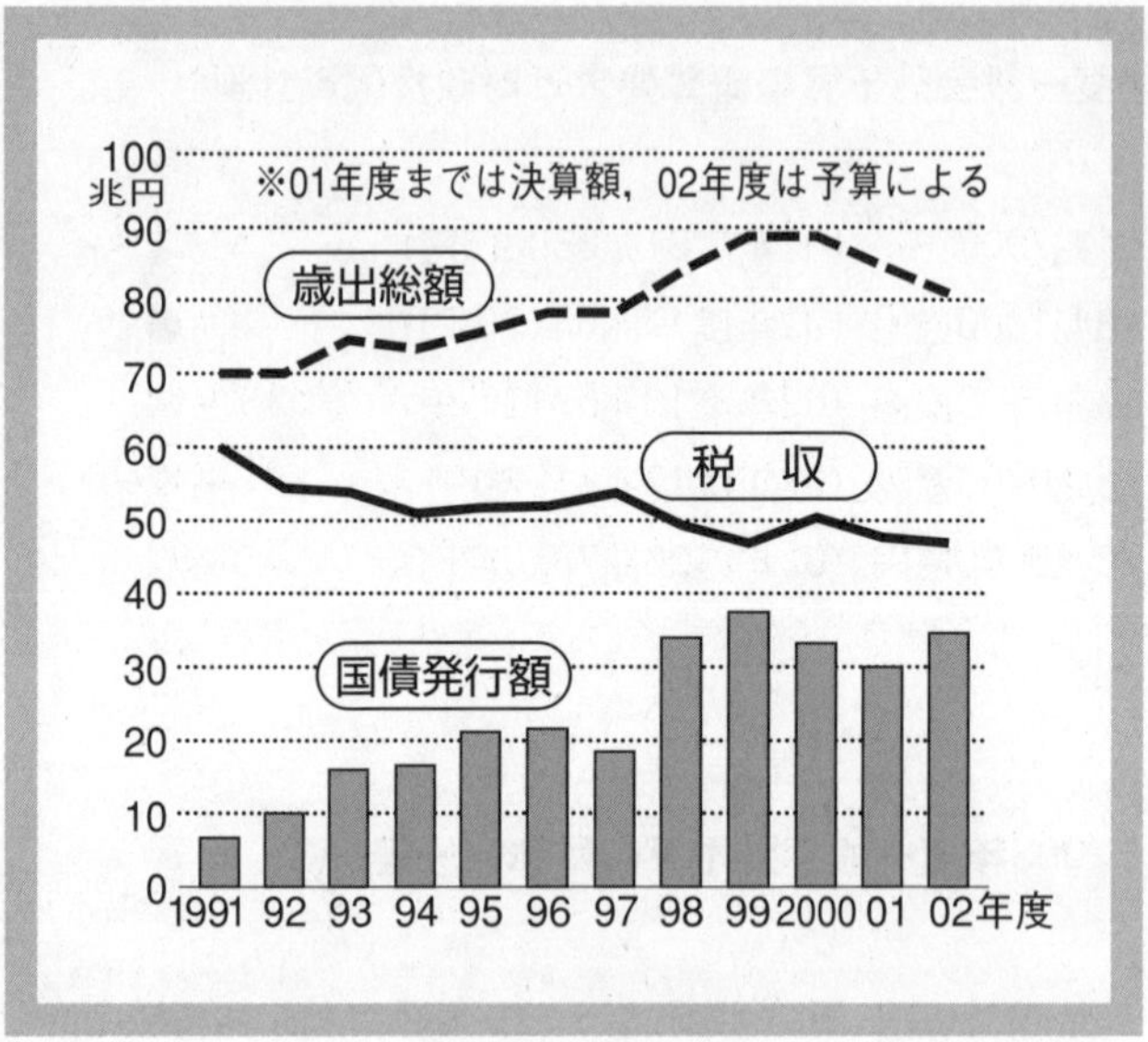

図1　税収、歳出、国債発行額の推移　出典：北陸中日新聞

二〇年前の一九八三年当初予算の一般会計総額は、五〇兆三七九六億円と初めて五〇兆円の大台に乗り、国債費と地方財政関係費を除いた一般歳出は六八・五％に当たる三四兆五〇〇〇億円だった。

この二〇年間で、一般会計のうち政策的経費として国が使える割合は一〇ポイント減り、金額は一三兆円ほど増えているが、見掛け倒しといえる。人に例えれば、二〇年前五〇

図2　日経平均株価の推移　出典：北陸中日新聞

kgだった体重が現在八一kgになり、無駄な脂肪が着いたため、減量し生活習慣を変えるよう宣告されているようなものである。

国も人間も同じくシェイプアップして、まず出るを徹底的に絞ることである。

歳入の中身を見ると、税収で賄う分が五一％の四一兆七八六〇億円、二〇年前の一九八三年度当初予算の税収割合六四％、三二兆三一五〇億円と比較すると、一三ポイントも悪化している。

国債費依存度は一九八三年度が二六・五％だったが、二〇〇三年度は四四・六％となり、一八ポイント悪化し、金額にして二三兆円の増額である。

二〇年前も必ずしも健全財政とは言えないが、オイルショックから一〇年を経て、一九八二年日本のGNP（国民総生産）二六六兆円、実質経済成長率はアメリカ、西ドイツがマイナスで主要国が軒並み〇～一％台なのに対し日本は二・五%だった。バブル前夜、日本経済は世界の機関車であった。

二〇〇二年九月四日、東京株式市場の日経平均株価が一時九〇〇〇円、東証株価指数(TOPIX)は九〇〇を割り込み、一九年ぶりの水準にまで落ち込んだ(図2)。つまり株も一九八〇年代前半まで逆戻りし、さらに一〇月一〇日には一時八二〇〇円割れとなり、終値も八五〇〇円を割り、大手銀行の自己資本比率の低下や生命保険の含み損など金融システムが揺れている。

一九八五年のプラザ合意以降、一ドル二四〇円だった為替レートは、急激な円高で一二〇円台にまで進んだが、株価・景気は上昇を続け、ついに八九年一二月二九日株価は、市場最高値三万八九一五円をつけた。この頃が日本経済の絶頂期であり、その後バブル崩壊で下降線をたどることになる。

それでも九三年~九七年ごろにかけて、経済が安定成長に入ったと見られ株価も一万五〇〇〇~二万円の間で推移した。しかし、二〇〇一年四月小泉内閣発足以降、二〇〇一年九月一一日の米同時テロなどの要因もあり、その後株価は一万円の大台を割り九〇〇〇円台へ、さらに二〇〇二年下半期は、八五〇〇~九〇〇〇円に推移している。

小泉首相は二〇〇三年一月六日の年頭記者会見で、「デフレ克服」、「経済再生」を強調し、「政府が日銀と一体となって金融政策に取り組んでいく」決意を表明した。

東京株式市場の二〇〇三年初日は、日経平均株価が前年末比一三四円高の八七一三円でのスタートとなった。しかし二〇〇二年からの株安傾向は変わらず、銀行や生命保険を直撃している。

大和総研の試算では、二〇〇二年三月末に一兆二三〇〇億円だった大手一二行の株式含み損が、九月には四兆円以上に膨らんでいる。

国際業務を行う大手銀行はBIS規制に基づき、八%以上の自己資本比率が必要だが、TOPIXが八五〇を割ると八%を割る銀行も出てくる。現に大手銀行は、自己資本比率維持のため「貸し渋り」、さらには「貸しはがし」に動いている。

政府は過去二十数年にわたり、膨大な額の国債を発行して景気浮揚を図ってきた。しかし、その結果が国債と借入金を合わせた国の借金六二七兆円、それに地方債一九五兆円、道路公団四〇兆円、本四連絡橋公団、林野、郵貯・簡保の不良債権などの借金合計は、GDP（国内総生産）の二年分に当たる一〇〇〇兆円にまでに膨れ上がる試算になる。一四〇〇兆円あるといわれる個人金融資産の中身も、郵貯・簡保や高齢者の年金など流動性の低いものが相当占めている。

これはまさに政府・霞ヶ関の失政以外の何物でもないが、政権交代の機運がさっぱり出てこない。政権にしがみつく与党・自民党は、インフレターゲットなどでこの一四〇〇兆円を当てにしており、政権の受け皿となる野党・民主党は党内混乱で責任政党の体を成していない。

政党の無策、無責任は、ますます政治不信を増長させている。

官僚の成功と失敗

この二〇年間の失政の責任はどこにあるか。それは一八六八年明治維新以来一三〇年間続く中央集権体制とこれを推進してきた官僚制度にある。

明治政府は「富国強兵、殖産興業」を国策として、常に国威発揚・経済拡大政策を掲げ、これを優秀な中央官僚の管理・計画体制の下に推し進めた。一八九四年の日清戦争と一九〇四年の日露戦争の大勝利は、中央集権体制における官僚の栄光だった。

しかし、一九三〇年代強大化した軍国主義の台頭に伴う大陸進出、それに続く太平洋戦争突入そして一九四五年の敗戦は、この官僚主導の中央集権体制がブレーキの無い暴走車であったことを露呈した。この大クラッシュにより、それまで蓄積してきた国民の富は全て吹き飛んだ。

七七年にわたる大日本帝国の栄光と挫折を演出したのは、天皇の大権を担った官僚である。官僚機構の礎を築いた大久保利通が役所に現れると、一斉に緊張と静寂が走ったといわれるくらい、官僚支配は上に立つ者の気概が下の役人にまで浸透していた。

明治の官僚組織は、清廉潔白なトップに統率された優秀な集団であった。彼らは武士道精神を体現し、国を背負う気概に溢れていた。こうした官僚の心得は、多分に儒教的精神の現れであったが、官僚組織の腐敗を防止し国民の信頼を得るには十分であった。

明治以来、わが国は内閣制度と議会制度を採用し、形式的とはいえ司法権の独立を実現し、三権分立による立憲国家としての統治機構を整えた。

しかし、大日本帝国憲法の下において、「国務大臣は天皇を輔弼《ほひつ》し」、「司法権は天皇の名において行い」、「権利義務は天皇から臣民たる日本国民に限定的に付与されたもの」であった。したがって、形は近代国家だが、実体は個人の自由や自立を許さない封建体制を色濃く残したものだった。

こうした天皇主権の旧体制は、日本国憲法において、形式上それぞれ独立した立法権、行政権、司法権と地方自治権に分立された。しかし基本的人権や民主主義を実現するための権力分立によるチェック・アンド・バランスが十分機能しているとは言いがたい。

例えば、法律の制定プロセスを見ると、成立する法律の八〇％以上が国会議員ではなく官僚の作成によるものである。内閣が国会の信任に基づく議院内閣制とはいえ、これは国会自らが憲法第四一条「国会は国権の最高機関であり、唯一の立法機関である」の精神を放棄するものである。

五五年体制が変質し、自民党一党支配最後の総理大臣宮沢喜一から非自民政権のわずかな期間総理を務めた細川護熙、その後何人もの総理大臣がショートリリーフのように変わるうちに、国内外で日本の総理大臣の信頼も支持率も地に落ちた。

さらに総理大臣によって指名される各大臣は、役所にとっては短期間椅子に座るお客さんであり、閣議は事前に開かれる官僚トップの事務次官会議の決定事項を追認する機関となっている。

これでは、今回の北朝鮮拉致問題での小泉首相の決断など、わずかな政治決断を除いて実権は官僚の掌中にあるといってよい。つまり、戦前国の全権を統帥した天皇の大権は、三権に分立されたように見えながらも、じつは官僚の大権に姿を変えたに過ぎない。

こうした背景には、戦後体制が憲法制定も含め国民自らの意志と関与によって成立したものではなく、最高司令官マッカーサーの理念を実行に移す有能な官僚によって進められた、という実態がある。

憲法について一言触れるならば、わが国は二度制定した。こうした歴史的外形を見ると民主主義の成熟を想起させるが、ＥＵ諸国の民度にはるか及ばない。

第一回の制定は一八八九年の大日本帝国憲法だが、これは天皇によって臣民たる国民に与えられた欽定憲法であった。

第二回は一九四六年の日本国憲法であり、手続き上大日本帝国憲法の修正だが、前文に謳った理念、主義が全く異なる新憲法である。

しかし、同じ敗戦国のドイツが、ワイマール憲法の過ちを回避するために長期の時間をかけたのに対し、わが国は敗戦の混乱が鎮まらない中、国際情勢に流されるままにほぼマッカーサー草案に沿って制定された。

憲法制定過程はともかく、憲法改正と言うと、以前は九条に関するもので、護憲の論理が議論すら阻んでいた。しかし、フランス革命から二一〇年余、人権とともに自然の権利も議論される時代である。今日の地球環境問題や複雑な世界情勢において、われわれ日本人が世界に対しいかなる責任を自覚し、どのような未来を築こうとしているのか。海外マスコミからはビジョンなき国、知らされていない国民と言われて久しいが、地球環境時代に相応しい模範となる憲法条項を議論し、国家ビジョンを明確にしなければならない。

不況で内向きな今こそ、国民のエネルギーが「安全保障、環境立国、道州制、食糧・エネルギー自給国家、教育制度」など、将来のこの国の中身と形についての議論に注がれる時である。

戦争と安全保障は、命に関わる問題である。イラクや北朝鮮の問題が現実にあり、第九条がわが国の防衛にとって足枷《あしかせ》であるとの議論もあるが、テロや文明の衝突といった想定外の敵に対して、第九条は世界共通の理念として、その存在価値を新たにしている。超大国アメリカでさえ一国防衛は不可能であり、第九条について国家の枠組にとらわれない多角的な議論がなされるべきである。

戦争やテロ以上に国民を不安に貶《おとし》めているのが、毎年三万人を超える自殺者である。経済には勝ち負けがあり、負けた者でも命までは取られないというのが自由主義経済のよさである。しかし近年、経済の敗者はゼロよりはるかマイナスまで落され、命を差し出すまでに悲惨な状況がある。

欧米では慈善の精神が行き渡り、命を支えるネットが社会に張り巡らされている。発展途上国では、貧しい社会の連帯があり、自殺にまで追い込まれることはない。

わが国でも、高度成長までは相互扶助の仕組みが地域に機能していた。しかし、経済最優先の社会を三〇年ほど経験した日本人の心から、命の大切さや命の連なりが消えてしまったのか。経済で失敗した人、六〇歳で定年を迎え、残りの人生をどのように生きていくのか見えない人、こうした人が自立して生きていくことのできる社会こそが、豊かな社会である。

憲法第一五条二項、「全て公務員は全体の奉仕者であって、一部の奉仕者ではない」との規定は公務員の政治的中立性を宣言したものだが、これによると国民全体の奉仕者は官僚であって、政治家ではない。つまり、政治家・政党は国民の多様な政治的意思の一部を代弁するものだから、国民全体の利益を実現するために働くのではなく、一部の利益のために、もっと言えば族議員として自らと特定業界・企業のために働く者である。

この論理によると、天下国家のことは政治家に任せておけず、公正・中立・不偏不党の立場に立つ官僚が実現することになる。最近は官僚に任せておけないから、審議会と称する学者、専門家グループが力を振るっている。

確かに、戦後の五五年体制以降の自民党一党支配政治において、政治家の不祥事は後を絶たず、相対的に官僚の清廉潔白さ、実務能力は高く評価されてきた。学歴絶対主義のわが国において、国民も東大法学部―大蔵省と聞くと、それだけで国政を任せるに足る信頼感を持った。

しかし、官僚トップの汚職事件が、文部事務次官、厚生事務次官、防衛事務次官、エリート大蔵官僚と次から次へと明るみに出るに及んで、国民は学歴と倫理は比例しないことを知り、官僚への信頼は一気に失墜した。

それればかりではなく、さらに重要なことは、絶大な裁量権による行政指導という依存体質が、起業家精神を衰退させ、寄らば大樹の依存ムードを蔓延させている。

その典型例が、金融機関の〝護送船団方式〟であり、わが国金融機関のレベル低下を白日に晒す金融ビッグバンを恐れるあまり、金融政策は後手に終始している。

官主導による許認可権や補助金によって保護されてきた農業や建設業も、同様に自由競争の波に翻弄されている。

経済社会における戦前の体制は財閥解体や労働者の権利の保障によって民主化されたように見えるが、戦後の経済復興は官僚のシナリオによる鉄に始まる傾斜生産方式や戦前ソビエト連邦を模範にした中央指令型戦時経済体制を受け継ぐ形で進められた。

したがって、政治、経済、社会のいずれにおいても、戦前天皇の大権を担った官僚の権限、財源は、戦後民主主義憲法下においても温存され、一九六〇年代に始まる高度成長、七三年のオイルショックとその後の省エネ経済の樹立、さらには八〇年代後半から始まるバブル経済の全てにわたって大いにその能力が発揮された。

しかし、この官僚的手法による成功が、バブル崩壊後九〇年代から今日に至る「政府の失敗」の原因である。

世界はアメリカ主導のグローバリゼーションばかりではない。ＥＵは明らかにアメリカと異なる独自路線を歩み、環境や伝統・文化と経済を両立させている。

日本は、京都議定書の批准に見られるように、真のリーダーシップを発揮する首相不在のまま、何事も官僚任せの政治体質が決定を遅らせてきた。

円を主軸としたアジア経済圏を構築すべきだとの議論もあったが、これは所詮無理な話である。アジアのEU化より、日本国内のEU化こそが現実的であり、道州制とは言葉を変えれば日本国内のEU化のことである。

官僚主義の克服

八〇年代後半、世界経済は中国など一部途上国を除いて右肩上がりの成長路線は終焉し、安定成長時代に入った。それは、戦後四〇年続いたアメリカ型成長経済が資源・エネルギーにおいて地球容量を越えてしまったことによる

その中国においても、石炭使用量は九六年をピークに二〇〇〇年には一四％減少し、なおこの間毎年約七％の経済成長を達成している。

石炭大国の中国が、深刻な大気汚染や酸性雨を防ぐため、石油や天然ガスへのエネルギーシフトにより環境と経済の両立を実現していることは注目すべきである。

日本企業は自己資本比率が低く、株式の持合いや政府主導による金融機関からの間接金融に頼ってきた。こうした間接金融においては、企業は自前の資金調達で自己資本を増やさなくても、常にフローの拡大によって規模を拡大すれば確実に利益を上げることができる。

確かに、バブルが崩壊する一九九〇年頃まで企業の高収益が雇用を確保し、社会を安定させてきた。しかし、地球上で永遠に成長し続ける生物がいないように、経済成長もどこかでブレーキがかかる。

本来ならば、バブル期の高収益を土地や株式などの投資に回すのではなく、自己資本力を高め金融機関に頼らない企業体質に変革すべきであった。もし多くの企業が体質変革を遂げていれば、今銀行などは半分以下でも金融危機は起きない。こうした経営姿勢を貫いたトヨタ自動車は、不況の今日においても着実な成長を遂げている。

世界経済が安定成長路線に転換し、先進国産業がハードからソフトに移行したにもかかわらず、自己資本比率の低いわが国企業が自律的に産業構造を変革することはむずかしい。

小泉構造改革のシナリオは、郵政、道路公団など官業を民業へ開放することによって民間のパイを拡大し、その広がったビジネスチャンスの分野へ新しい産業が参入する。こうして、イギリスのサッチャー流の構造改革が終着駅に到着する、というものであろう。しかし、この手法には少なくとも数年はかかり、果たして現在の企業体力では持ちこたえられるだろうか。

それよりも、これまで常に安易な公共事業という真水投資によって経済成長、景気の下支えをしてきた経済官僚、族議員、特定業界が、痛みを伴う構造改革を受け入れるか。経済官僚は既得権益をがっちり握って離さず、その配分を担ってきた自民党・族議員は野党に代わって抵抗勢力を演じている。そして、これまで受け皿となってきたゼネコンにとっては、まさしく死活問題である。

恐竜のように巨大化した日本経済においては、公共事業に投資された真水は勢いよく全身に行き渡ることができず、動脈硬化を起こしている。それにもかかわらず、国家の未来を考える立場にある政治家が抵抗勢力化している。二〇〇二年の道路公団民営化委員会の議論において、国民は投入された税金・財投資金が、特定業界や特殊法人、公益法人およびファミリー企業などにしか行き渡らない事実を知ったことは大きな収穫であった。

そこで、もう一度右肩上がりの成長経済に戻すことが可能か、というと否である。経済は地球システムに組み込まれたサブシステムであり、定常経済は持続可能な社会の前提である。資源・エネルギーを存分に使った大量生産・大量消費型経済は持続不可能であり、資源、エネルギーを最小化した環境主義経済へ移行しなければならない。

この間先進国では、米国を除いて人口定常ないしは少子化傾向が一般的であり、日本はその急激な減少が社会問題化しているが、ＥＵ諸国では人口増加を前提とした大量消費社会そのものが終焉している。人口の定常と物質的に十分満ち足りた生活を実現した社会において、経済は量的拡大から質的インセンティブを働かせたものになる。

今後目指すべきは、量から質への転換であり、産業の省資源化と化石燃料から再生可能エネルギーへの大胆な転換である。

一九九五年から二〇〇〇年の間に、世界の風力発電容量はほぼ四倍に増加し、ドイツでは一〇〇〇万キロワットに達し新たな雇用を生み出し、デンマークでは電力の一八％を風力から得て、風力タービン技術で世界をリードしている。

つまり、これまでの産業構造を前提とするのではなく、産業構造の創造的破壊が求められているのである。先例主義、無謬主義の官僚的発想に頼らないオリジナリティが求められている。先例に囚われない新しい発想で社会を変革していく見識を備えて、環境や生命科学といった分野における専門性が、これからの産業をリードしていく。

今日の世界経済は金融資本が実体経済の一〇〇倍にも膨れ上がり、米国資本によるヘッジファンドなどが一国経済を支配するまでになっている。一九九八年タイのバーツ危機に始まる東南アジアの通貨危機は、まさに倫理無きマネーゲームが世界経済を支配していることを示した。

こうした金融資本主義の現実において、金融の安全保障ともいうべき地域化が図られなければならない。つまりドルベースのグローバル経済とは別の、ＥＵのような域内通貨ないしは国内においても地域通貨ベースの経済が確立され、住民生活の基本的部分は、世界経済の影響を受けない地域自立型経済を構築しなければならない。

郵貯簡保の新たな活用

これまでの官僚主導体制は、権限と財源が官僚に委ねられていたからこそ可能だった。しかし今日、官僚主義が弊害を生み、変革を阻んでいる。

それでは、官僚主義を克服するためには権限と財源の移譲が不可欠だが、果たして可能だろうか。

まず権限については、大幅な規制緩和による見直しが必要だが、権限の肥大化を常としてきた官僚の抵抗は激しい。

情報公開による市民参加や現実世界の変化によって、規制主義から税制や市場をミックスした経済政策により、官僚の仕事を変化させることである。

しかし現実には、こうしたことでは官僚主導体制は変わらないだろう。道州制によって、官僚制度の枠組自体を変え、官僚の中に差別化を起こす。道州制官僚と中央政府官僚とにその役割を分担させ、利権構造と完全に関わりを絶って、官僚の専門性を発揮させることである。

次に、官僚の権限を実現するためには、財源の裏づけが無くてはならないが、その財源の方はどうか。最も自由になる財源は、財政投融資の資金となる二四〇兆円の郵貯と一二〇兆円の簡保である。

わが国には、三六〇兆円を有する国営銀行と四五〇兆円を有するその他銀行があり、その中の二五〇兆円は対外金融取引を行う大手銀行が持つ、という資本主義の顔の下に社会主義が隠されている複雑な構造である。

先ほど挙げた一四〇〇兆円にのぼる国民金融資産の四分の一は、郵便貯金や簡易保険として預けられている。

竹中案による不良債権処理の加速は四大大手金融グループを対象としているが、ここだけをいくら健全化しても日本経済の再生に直結するとは限らない。金融ビッグバンを実現し、真の金融自由化を図るには、郵政事業とりわけ郵貯や簡保の民営化は不可欠である。

郵貯や簡保で集めた資金は、財政投融資制度に注ぎ込まれてきた。第二の予算といわれ、二〇〇三年度においても二六兆五六〇〇億円が組まれている財投こそまさに官僚の自由裁量である。これを是正するためには、郵便貯金の財務省資金運用部への一括預託を止めさせ、郵便貯金の自主運用を拡大することである。

このことについては、政府税調の会長を長く務めた加藤寛氏が政策提言をしているので後に紹介する。ここでは、中曽根元首相の主催する世界平和研究所の新経済構造研究会が一九九七年発表した財政投融資制度改革大綱を加藤寛著『官の発想が国を滅ぼす』(一九九九年、実業之日本社)から引用する。(2)

一、財投制度の問題点と抜本改革の必要性

(1) 財投は概《おおむ》ねその歴史的役割を終えた

① 戦後の高度成長期、資金不足時代は、産業政策の一手段として大きな役割を果たした。

② しかし、日本経済が成熟化した以上、もはや政府主導で公共投資を行う時代は終った。

③ 民間にできることは民間に任せるという政府の基本方針から言えば、金融的手段による政策誘導という財政の役割は大きく縮小したと考えられる。

(2) 財投原資は過大である

① 財投の役割が大きく低下したにもかかわらず、郵貯などの急増で財投原資は相当の勢いで増え続けている。現状では、増えた原資はそのまま投融資されるため、ここ数年財投の伸びが著しい。

② その結果、無駄遣いが目立つ。資金配分が非効率化している。財政規律が損なわれている。

③ 公的金融の分野が一段と大きくなったため、民間のマネーフローが詰まり気味で、それが資本市場の発展を阻害している。

④ 公的論理で四五〇兆円もの巨額な資金を運用することは、自由な市場経済の運営に大きな支障となる。

(3) 制度上の欠陥も多い

① 財投の入り口(財務省資金運用部に入る郵貯・簡保・年金)と出口(財投として特殊法人に融資)が別々の主体、考え方で運営されている。これでは一貫した経営はできない。

② 統合運用の方が効率的と財務省は主張するが、政府の失敗があれば、市場の失敗

より弊害が大きい。

③　民間ではできない政策目的を達成するという目標と、安全確実な運用、収支相償という原則との間には論理的な矛盾がある。

(4)　金融ビッグバンとの矛盾

国民の利便性向上を図るため、金融機関間の一層の競争促進を目指す金融ビッグバンが目下急進展中であるが、こうした中で競争とは無縁であり、かつ、国の絶大な信用をバックにする公的金融機関が大きな存在であり続ける限り、金融ビッグバンの円滑な進展はあり得ない。

二、改革の基本方向

(1)　移譲、財政投融資が抱えている諸問題に鑑み、この際、財投の対象、規模とも大幅に縮小する。財投のニーズ縮小に対応して、財投原資の統合運用を止め、漸進的に自主運用に切り替える。地域のニーズに合うよう地域分割が望ましい。

(2)　財投の規模は景気動向に配慮しつつ、概ね計画的に縮小する。さしあたり回収金(二五兆円弱)の範囲を目途とするが、将来的には民間資本市場の発展と平仄《ひょうそく》を合わせ、投融資の廃止を目指す。

(3)　財投原資の入り口については

①　郵政三事業のうち、郵政事業は当面国営のままとする一方、貯金・保険業務は分離して独立行政法人にする(ただし、独立行政法人の窓口業務は、貯金・保険の預入れ・契約上限の引き下げを条件として、差し当たり郵便局に委託する)。貯金、保険資金の純増分は独立行政法人の自主運営とする。また、既存預託金の回収分についても

徐々に自主運用に切り替える。

② 独立行政法人の貯金、保険業務の窓口は、差し当たり郵便局に委託する。

③ 国民的資産たる全国ネットワークを活用した左記の新規業務を郵便局に認める。

1) ワンストップ行政サービス

自動車免許証の書き換え、パスポート申請、住民票関係手続きなどの行政サービス

2) 高齢者支援サービス

高齢者の資産運用管理やコンサルティングの実施

日本の破産

「日本国破産、アルゼンチンの次は日本、預金封鎖」など物騒な文字が雑誌だけではなく経済本にも登場するようになった。二〇〇一年一二月地球の反対側のアルゼンチンでは国家破産状態となり、政府は預金封鎖を断行、国内外に対してデフォルト（債務不履行）を宣言した。

ところで、国家破産に至ったアルゼンチンの公的債務は一三〇〇億ドル（一七兆円）。これに対し、わが国の公的債務は国・地方自治体・財投など合計一〇〇〇兆円と試算されている。アルゼンチンはGDP（国内総生産）の五〇％であり、日本はGDPの二〇〇％である。

この数字を見る限り、日本破産もあり得るが、なぜ日本では何も起こらないのか。先にも挙げた個人の金融資産が一四〇〇兆円もあること、そして対外借金はなく、世界一の債

権大国だからである。

しかし産業競争力の低下、とくに中国の著しい台頭など貿易を取り巻く状況も一部産業を除いて悪化している。ちなみに貿易黒字幅は、九八、九九年は一〇〇〇億ドルを超えていたが、二〇〇〇年は九〇〇億ドル台になり、二〇〇一年は一気に五〇〇億ドル台に半減した。

こうした数字だけから、わが国経済力を判断することは必ずしも正しいとは言えないが、企業の中国移転や国内産業の空洞化などのマイナス要因が現れてきている。政府は、国内産業の構造改革や新規産業の創出など、早急に対策を取らなくてはならないことは確かである。

ところが、国民にはこうした危機感が伝わらず、新丸ビルがオープンすると、飲食街は地方からの観光客で溢れ、丸の内で働く社員はコンビニ弁当に頼らざるを得ない有様である。ワールドカップでは、高額のチケットを手に入れた若者が会社を休んで殺到した。こうした繁栄の陰に自殺者は三年連続三万人を超え、とくに中高年男性の経済的原因の自殺は深刻である。

国家が破産するということは、預金封鎖により自分のお金が引き出せなくなったり、一夜にして個人の資産が半分や一〇分の一になるということであるが、こうしたシミュレーションを大学の経済学講座などでやることは意義があると思われる。

政府はここ一〇年、景気対策のために一三〇兆円を公共事業に投入してきた。しかし、その効果がいっこうに現れないのはなぜか。一兆円というのは一億国民に一人一万円ずつ行き渡る計算になる。一三〇兆円の経済価値は、一〇年間で一人一三〇万円、一家で約四〇〇万円という膨大な額に当たる。

しかし、こうした公共事業による景気刺激策には、限られた産業にしか行き渡らず、限界があることがはっきりしてきた。

これは、前述の図体の巨大化した恐竜論であるが、旧来のシステムではお金の流れが特定の業界に偏っていて本当に必要とするところには回らない。おそらくさまざまな公益法人や特殊法人のパイプを通ることによって、漏水するように表から裏へと浸透する金の流れがあるのではないか。

マクロ政策とミクロ政策の連結が、どこかで切断されている。

これまで見てきたさまざまな数字や経済の現場を見ると、まさに日本経済再生は待った無しである。こうした認識に立って示されたのが、ハードランディングもいとわない竹中金融・経済財政担当大臣が示した改革案だったが、八方からの批判を受けて、竹中大臣はネバーランディングを避けるためのグッドランディングだ、などとわけの分からない言葉の遊びに逃げているようだ。

これで、果たして日本経済は再生できるのか。長年政府税制調査会長を務めた慶應義塾大学名誉教授で千葉商科大学長の加藤寛氏のインタビュー記事を紹介したい。

――竹中金融・経済財政担当相のもとで、検討が進む不良債権処理をどう見るか。

「(竹中改革)は正論である。しかし、日本経済は今水面下に顔がもぐった苦しい状態で、いくらお金を入れても口の中に水が入って効果がない。正論を実行できる状況ではない。まずは水面より上に顔を出させる必要がある。つまり、デフレ対策だ」

「民間だけでなく、公的部門にも一五〇兆円の不良債権があるといわれる。民間だけ解決しても公的部門を解決しなければどうにもならない」

――どうすればいい。

「今の日本の状況で、財政政策や金融政策、減税などは役に立たない。それより地方にお金を回せばいい。そのためには郵貯・簡保の地域分割だ。今は地域のお金が中央に集められ、それが道路など特殊法人に持っていかれ、地方の中小企業にお金が行っていない。だから、郵貯を地域ごとに分割し、集めたお金を地銀に融資してその地域の中で貸し出せばいい」

「郵貯分割が無理なら、地域通貨を出す。それもだめなら、政府系金融機関を使って地方にお金を回す。ただこの方法は、本来進めるべき特殊法人改革に逆行してしまう」

――日本経済再生はむずかしそうか。

「九五％駄目だが、五％の可能性がある。まだ息はある。竹中さんは不良債権を処理するだけでなく、デフレ対策もやると言った方がいい」

（『北陸中日新聞』二〇〇二年一〇月二二日付）

日本経済再生の道は、大変厳しいことが伝わってくる。加藤寛氏の発言の中に五％の狭い橋を渡って再生の広場に到達する秘策は、二つのキーワードに託されていると考える。つまり〝デフレ対策〟と〝郵貯・簡保の地域分割〟である。

まず、デフレについて考えてみる。土地や株式の価格低下によって引き起こされる資産デフレについては、ここでは触れないこととし、中小企業者にとって深刻な物やサービスの値段の低下について考える。

ものやサービスの値段が安くなることは、単純に消費者にとってはよいことだが、生産者にとっては、市場での値段が生産やサービスに要したコストを下回っては採算が取れない。つまりデフレは、生産者にとって原価割れが生じて商売が成り立たないことを意味する。これでは、仕事をすればするほど赤字が膨らみ事業は成り立たない。

こうなると事業者の選択は、撤退するか、中国などに移転するか、倒産覚悟で継続するかの道しかない。そこで私は、加藤氏が主張するデフレ対策とは「採算が合わなくても、一年や二年事業をやっていける資金を現実に提供する。こうして時間を稼いで、いずれは景気が回復し、購買力が出てくるまで待つ」というように解釈する。

このように解することによって、第二のキーワード〝郵貯・簡保の地域分割〟の意味が明確になり、この二つのキーワードが車の両輪のように一体のものであることが分かる。

つまり経済の現場は地方にあり、地方に現実にお金が回る仕組みを作らなくては水面から顔が出ない。そのためには、これまでの財務省での集金制度を改め、新たに地方で自前の集金制度を作る。その財源として地域に密着した郵貯・簡保を使う。

こうして新しい金の流れを創り出すために、郵貯の分割あるいは地域通貨が有効である。ここで言う地域通貨とは、一般にイメージする擬似通貨ではなく、実体のある江戸時代の藩札のようなもので、現代版道州政府発行通貨であろう。

このアイデアを実現するためには、地方分権を確立して税源と権限を持った道州制が前提となる。日本経済再生の確率は五％という切羽詰った状況において、まさに幕末の志士的エネルギーを爆発させなくてはならない。

一三〇年前の日本は、黒船来航の外圧を受け、二六〇諸藩がバラバラでは諸外国に対抗できないとして、天皇を中心とする中央集権国家を目指した。しかし今日、方向転換すらできないほどに巨大化した日本社会を適正規模に造りかえるためには、「バラバラで一緒」の理念に基づいた体制変革がなされなくてはならない。

具体的には、「この国の形」をEU諸国のような人口五〇〇〜一五〇〇万人程度の約一〇の道州と三〇〇〇万人の首都州から成る分権型道州制国家である。

これこそが、国民に活力を与え経済再生を実現し、国内と海外の競争原理の導入により日本が再生する唯一の道である。

対症療法的な、これまでの常識にとらわれた政策では効き目はなく、大なたを振るった大手術をしなければならない。この大事業をなすには小さな私益にとらわれない大義を持った「若者・よそ者・はみだし者」が結集し、新しい価値観に基づく社会づくりに本気で取り組むことが必要である。

古い体制のしがらみを持たない若者、これまでの常識にとらわれないはみだし者、高度成長の表舞台から遠ざかっていた女性、日本を脱出していたよそ者、日本のよさも問題点も理解している外国人、日本の枠にとらわれない地球人たちが立ち上がる時である。

今、政界には若者が充満している。わが国憲政史上これほど多くの若者が国会を占拠したことはかつてなかっただろう。今日の衰退を見るに、党派を超えて若手政治家が一斉に立ち上がれば旧体制は一気に崩壊する。

二〇〇二年秋に行われた民主党代表選では、若手グループが活躍し、その着想、論旨の明快さ、説明力において、昔の名前で出ていた三氏を圧倒していた。彼ら若手グループには古い体制とのしがらみが無い。したがって、自分はこう考えるという明確な主張を持って行動することができる。

人間が時代を創り、また時代が人間を創る。新しい時代を切り開く人間は、小さな私欲を捨て、常に創造と破壊のバランス感覚を持って突き進んで行く。

中央政府の形

二〇〇二年一〇月二七日、小泉改造内閣発足後初めての国政選挙となった衆参両院七選挙区の統一補欠選挙が行われた。自民、公明、保守の与党三党が五勝し、野党側は民主党公認が衆議院山形四区で一議席獲得のみの惨敗、無所属が衆議院神奈川八区で圧勝した。

与党が大勝したとはいえ、前回は民主党候補だったり、公明、保守の党首や幹事長、さらには青木自民党参議院幹事長までが選挙結果に対して、小泉内閣の信任に釘を刺すなど、政党が素直に勝利を喜べないきわめて複雑なねじれ現象を起こしている。

しかも、七選挙区の平均投票率が三〇・九％で、前回の衆議院・参議院選挙に比べ二四・五ポイントの大幅低下だった。参議院千葉選挙区は二四・一％、山形四区は前回を二八・九ポイントも下げ、全ての選挙区で過去最低の投票率を記録した。

今回の補選の原因となったのは、秘書給与疑惑や秘書の口利きや金銭に絡んだ疑惑であり、とくに国家から給与が支給される政策秘書のあり方が問われたのだが、有権者の関心は低く、政治不信はますます増大していることを示す結果となった。

政党とは何か、政治家にとって秘書とは何か、こうした根本の問に対して答えなければ、政党政治は終焉するであろう。

従来の中央政府指令型ピラミッドを逆さにした分権型道州制国家では、中央政府と道州政府が役割分担している。各道州には、道州議会、道州府知事、行政機関としての県・市町村が置かれ、これらが住民・企業の生活全般に関わる経済・産業政策、環境政策、公共事業、教育・福祉政策、司法・警察・消防などを行う。

国から地方へ税源移譲を行い、全て行政事業は自らの税金を使って自らの責任で行う。

一〇年ほどの年限を区切って地域間格差を是正するための財政調整機能は必要だが、あくまでも依存体質からの脱却を促すものである。

人間は、人から命令されてやるよりは自分の考えで物事を進め、自分の判断で決定する方が充実している。住民・行政が、共同して政策を決定して事業を実施することになると、自らの懐具合と相談しながら進めることになり、無駄な公共事業は不可能になる。住民ニーズにあった行政効率の高いサービスが提供できるようになる。

中央政府の役割が防衛、安全保障、国連外交、環境外交、全国的警察・司法、全国土的海岸・河川の自然保護などに特化される。中央政府、国会議員の仕事は、世界の中の日本戦略、世界の新しい秩序づくりなどを、五〇年、一〇〇年の視野を持って行うことになる。

とくに、北朝鮮の情勢が明らかになるにつれ、われわれの生命・財産すら安穏としている状況ではないことが判明した。こうした情勢において、中央政府の外交力は大変重要であり、わが国の国益の実現とアジアや世界の安定、さらには将来世代の利益に配慮した政策を実現しなくてはならない。

こうした高い見識と専門性、さらには実行力を備えた人たちによる政治は、衆議院が二五〇人、参議院が一〇〇人ぐらいが適正規模であろう。そして、霞ヶ関の官僚が、道州議会スタッフや政府官僚、政党の政策秘書となり、まさに政治家の頭となって本来の国家任務につくことになる。

環境対論　二一世紀を語る――2002.10.25

テーマ：地域経済活性化の企業戦略
――企業・行政・市民による環境創造――

ゲスト：澁谷亮治　澁谷工業（株）代表取締役会長、金沢経済同友会代表幹事

進行役：鶴　謙一

――澁谷会長、大変お忙しい中お越しいただきありがとうございます。まず財界人、そして澁谷工業のトップとして、ここ二週間ぐらいのスケジュールをお話し願います。

先週は一〇月一二日から一六日まで大連に行ってきました。初めてでしたが聞いていた通り、昔日本がインフラをつくったことや満鉄の技術伝統が生きていることもありますし、非常に日本に対して親日的で、日本とも一生懸命やろうという気持ちがあります。
食べ物もわれわれに合うようなあっさりした味でした。
ファルコバイオシステムズの古賀会長のご紹介で行ったのですが、大連市長や商工会議所会長、それに市立大学の学長にお会いしましたが、それぞれ人間的に素晴らしい方でし

た。ぜひ関心のある方は、お世話いたします。

富山便は、週にこの前まで三便でしたが、今は四便となり、結構満席でした。ホテルも立派で、町を歩いていても安心でした。

帰ってきた後、一八日と一九日、日本ＩＢＭの北信越会議が立山の麓の大山町であって、有意義なセミナーでした。

そして二〇日の日曜日には、中央公園で旧制四校の寮歌祭があり、前の医科大の学長先生が九〇歳ということで、私が四高会の会長代行になりまして、四年先の開学一二〇年祭の準備をするという事になりました。この日は雨も降って寒かったのですが、ついつい寮歌を歌ったりして、ますます風邪がひどくなってきたということです。

翌日の月曜日は、北陸郵政経営会議というのがありまして、これが年に二回ぐらいあるのですが、北陸三県からいろんな人が集まって、ほとんど半日つぶれました。

私の毎日は、次から次から人がくるのと電話がかかるのとで、私の予定表はこんな風で(広告紙かコピー用紙の裏にびっしり書かれている)、だいたい誰が見ても読めないというのが定評です。

——いま伺ってみますと、企業のことというよりは地域社会やさまざまな立場の方との人間関係の出会いが多いようですね。

そうですね。会社のほうはほとんど二歳年下の弟の社長が仕切ってやっていますので、私も月に一回ある経営会議や役員会などの他はほとんど任せてあります。任せてあるというよりは弟のほうが数字的に強くて、頭のほうは私よりさらによいということです。

——次に、澁谷工業一五八〇名の社員、さらには家族含めると五〇〇〇名ぐらいの人たちをトップとして引っ張っていかなければならないお立場での緊張感といいますか、責任感というのはどうなんでしょうか。

たまたま珍しいことに大学を卒業してすぐにトップになったので、気持ちはその時分と今とはそう変わらない。ただ、数が多くなったので担いでいる荷物は多いなと思いますが。

振り返って見ますと、昭和二七年の大学卒業ですが、昭和の初めに大変な就職難の時代があり、最近も厳しいことを言っていますが、弟が新制大学一期生で二八年の卒業なんですが、その二七、八年ごろも本当に就職先がありませんでした。

もちろん、成績のよい人は就職できたのですが、私も弟も大学で一番自慢できることはバトミントン部を作ったということでして、今も京都大学バトミントン部のOB会の名誉会長と副会長ということになっておって、これが一番の勲章なんです。

そのきっかけは、金沢で戦後、国体がありましたね。それまでいっしょに軟式テニスをやっていた金沢の仲間の連中が、バトミントンを始めているのを夏休みに帰ってきて見まして、それこそ空き地に縄を張ってポンポンとやっていたのです。どうも面白そうだなということで、京都のどこでしているかと聞いたら、ＹＭＣＡでやっているということでＹＭＣＡの大会に出ました。

私は、高校時代軟式テニスの北信越で優勝した前衛でしたし、弟はバレーボールの旧制高校のインターハイで全国優勝したメンバーでしたから、二人が組んであっという間に京都でナンバーワンになった。

そこで、部員募集を書いて張り出して、旧制三高の木造の体育館、天井が低くこれくらいもあるかないようなぼろい体育館で練習をしました。そうしながら、京都、関西、西日本の全部の選手権を取りました。

早くからやっていた東京のほうが強かったのですが、弟がシングルスで全日本の五位ぐらい、私とのダブルスも全日本の五位ぐらいが最高でした。

そのダブルスは、前衛・後衛システムでやるのが普通ですが、体育館が低くてどうにもならないので、横にぐるぐる回るローテーションシステムを自分らで考えまして、相手と違う戦法を取りました。そのローテーションシステムが成功して、「ダブルスの澁谷兄弟」として名前が通って、その頃は大変女の子にももてました。

そうこうしているうちに、はっと気がついたら二六年の秋、国体も終って就職もぼちぼち決まっていた。どうすればよいかなということで、やはり商売家の息子ですから、当時の花形は三白時代といって、セメント、砂糖、…そういう流行がありましたね。そういう給料のよいところは無理で、当時は三菱商事や三井物産が戦後の財閥解体でバラバラになっていて、名前も覚えていない商社を二、三社受けました。

当然バトミントンしかしとらん、全然勉強はしとらんわけで、ものの見事に全部落ちまして、まあ恥ずかしいもんやなという事がよく分かりました。

そういうのが残ってますので、五四年に会長になってからは、それまでずっとやっていた面接試験を社長に任せてやらないことにしました。一番自分で気が重い仕事でしたから。

その後、行き先が無くて年末年始下宿でごろごろしていましたら、親父が突然やってきて、金沢へ帰ってきて会社に入らんかということになりました。昭和二四年に株式会社にしていたんですが、実態は澁谷商店でした。昭和の初めに創業して、去年でちょうど七〇周年になります。

そこで入ってしばらくしたら、次から次から昔からいた番頭さんや営業が皆辞めるのです。おかしいなと思いましたら、あの頑固親父にぼろくそに言われ、全員で辞める申し合わせができていたのです。最後に残った私と同年ぐらいの者が、一番遠い北海道のお客さんのところに案内してくれて、そこで一応引き継ぎが終って翌年から専務となって、その後長い長い専務でした。

その当時から、今も一緒ですけれど、絶えず澁谷工業という看板を背中に背負って歩いている、という気持ちなんです。どこへいっても逃げ隠れはできない。全国直販というのは先代からやっていて、セールスもサービスも全国でやっていたもんですから、常時、四六時中戦場という感じだったですね。ですから、盆正月もほとんど無く、いつでも責任を背負っているんだということを自分でも思っていましたし、家族も皆、顔を見なかったら出張やいうことでした。

――そうしますと、ほとんどが私というよりは公人、つまり澁谷工業の公の人という立場ですね。澁谷商店というのは、どういう内容の仕事だったのですか。

一番初め、七〇年前に創業した澁谷商店はかまどを作る仕事です。醸造用のかまどでして、大釜で湯を沸かす、今でいうボイラーに当たり、酒屋さんや醤油屋さんに入っていた。全国何千軒という酒屋さんにかまどがありまして、そういうかまどを作る老舗の会社に先代が勤めていました。そこで独立を言われまして、先代は兵庫県の但馬の出身で、母親は大阪の河内の出身で大阪に勤めていたんです。その時名古屋、東京、仙台、会津若松、新潟、金沢、いろいろ候補地があったんですが、今の日榮（中村酒造）さんとか、福正（福光屋）さんとかの先先代に進められて、かまどを作る仕事で一番の主原料は鋳物で、その鋳物が石川県は繊維が盛んで繊維機械が先進的でしたから、その関係でよい鋳物が安く手に入る、ということで金沢で始めたんです。

――そうすると、金沢の地場産業と密接に関わっていらっしゃるんですね。

そうです。繊機の関係のネットワークが無かったら、現在は無いわけです。

その後大きくなって、名古屋で初めて上場した時も、東京証券取引所で上場した時も、いろんな書類をトラック一杯ぐらい作るんですけれども、最終的に社長面接、さっきも言ったように面接が大嫌いな人間が面接を受けなくてはいけない。そこでどちらも最初に言われたのが、「澁谷さん、あなたのお客さんを見ているとなんで金沢に本社があるんですか」という話です。当然、ユーザーの近い所に居た方がいろんな意味で有利なわけですから、以前には東京に出ることや東海地方や関西も考えたんです。しかし、先ほど先生がおっしゃったように、金沢とのご縁や引かれるものがあって、上場説明会の時には「お酒と鋳物のご縁で、こちら金沢に居ります」と申し上げてきました。

――今、酒の話が出ましたけれど、ボトリング事業に移るのはいつ頃ですか。

昭和三〇年代の中ごろです。二〇年代から三〇年代の初めは、かまどから始まってお酒を造る工程をずっとやってきたんです。皆さんだいたいご存知でしょうが、米を精米する、次に洗米する、かまどで蒸かす、そして冷やす、それから造る工程がいっぱいあって、最後にしぼる、これらを昔は全部手仕事でやっていたんですが、戦後機械化の流れになって、酒を作る工程の機械一式を作りました。

ところがそうなると、数も増えないし、期間が短いものですから、じゃできあがったお酒を瓶詰めする機械を作ろうという事になったんです。これも当時は女の人が一升瓶を持って手洗いブラシで洗っていたんですね。それからまず機械化しようという事で、ブラシを機械に取りつけてぐるぐると回すというところからスタートしたんです。ビン洗いから始めて、ビンに詰める、栓をする、レッテルを貼る、箱に入れる、という縦の工程の機械化をやったわけです。

——酒造りのことでは、以前、中村酒造の中村太郎社長をお招きしたときに、地球温暖化が進行すれば今のような酒造りはできないんじゃないか、という事をおっしゃっていたのです。環境問題について、澁谷工業としてはどういう関わりをお持ちですか。

当然私どもの姿勢は、お客様が考えておられること、要望しておられること、やってみないかと言われること、こういうことができないか、といった全てそういうご相談からスタートしています。私は一応、プレサービスと言っていますが、プレサービスから機械を入れたアフターサービスまでトータルなサービスという考え方で、プラントあるいはシステムをやってきました。

——系列のシブヤマシナリーは、環境機器の開発にウエイトを置いた会社ですね。これはどういうきっかけで作られたのですか。

これは、あるベンチャーから技術の売り込みがあって始めたんです。だいたい変わった話、面白い話、聞いたことの無い話にはすぐ飛びつくという傾向があるんです。サントリーの佐治さんが言っておられた「やってみなはれ」でして、よそがしないものをやってみようということです。

――創業七〇年にして、ベンチャー精神が脈々と流れているわけですね。

それは一生ですね。決して大企業という意識は、わが社には無いということです。私自身、自称一品料理の小料理屋の親父というふうに呼んで、今もその精神は変わっていないということです。プラントは大きくなってきますけどね。それを本当に金沢、石川県の伝統工芸的な感覚でもって、心を込めて手をかけて作り上げるというその姿勢が、だんだん大手のお客さんなり、他のお客さんにも分かっていただく。最初パンフレットだけで説明しても、口でなんと言ったって分かりませんわね。やはり機械が好きでないとできない仕事で、その気持ちが伝わって、「ああなるほど、澁谷はやるな」という評価をいただいている。

――手間ひまかけるということは、やはり企業は人ですか。

結局、最後は人ですね。事業について言えば、昭和三〇年代は縦の展開の時代、四〇年代は横の開拓の時代。ビン詰めするということは、日本酒に使えれば洋酒にもワインにも使えるし、飲料にも医薬品にも横に広げていった。

ところが、四八年の石油ショックであっと驚いたんです。一番厳しかったのが、あの石油ショックでした。受注していた機械を作るにも部品は入らない、値段はどんどん上がる、納期も待ってもらう、ひたすらお願いに上がってなんとか切り抜けたんです。

——伺っていますと、常に問題意識を持って、何か発見しようとされていることが事業に結びつくんですね。

さっき申し上げたように、そのためには絶えず澁谷という看板を掛けているという意識で、目は四方八方絶えず見ている。やっぱり目に見えないものでも、見る気さえあったら見えてくるんじゃないか。普通なら耳に入ってこないことでも、聞く耳さえがあれば聞こえてくる。あるいは聞かせてくれる。もの言わなくても相手がどうして欲しい、察する気持ちがあれば察せられる。

——次に会長は、金沢経済同友会の代表幹事をされていて、やや広い立場から、金沢や北陸経済、あるいは社会的貢献というのはどのようにお考えですか。

やはりこの地域社会がよくなるということが、わが社がよくなるということは常に考えています。経済同友会は業種別ではなくて、どういう業種であろうと個人の資格で入ってもらうということで、現在三一〇名の方が入っています。

去年から一番主張しているのは、税制改革無くして、構造改革も景気回復も無しということです。同友会が一番力を入れている税制改革は、中小企業の相続税のことで、中小企業の継続ができなくなるので、具体的な税制を提言しています。今税制に関して新聞などであれだけ言われているんですから、よいと思われることをまず全部やって、後から修正すればよい。

民間企業なら、よいと思われることをまずやってみようという事になる。しかしお役所はまあ理屈ばかり言って、何年かかってどうの言って進まない。われわれ民間の気持ちとしたら、今これだけ皆が苦しんで困っていて、大変目先が見えない状況ですから、よいと言われるものは全部しなければいかん。体が悪くなったのと一緒ですわね。そういう感覚が、やはり無いんですね。

――それは、お役所というのは、澁谷工業の「やってみなはれ」と言うのとは全く違う世界ですか。

全く違う世界で、どうしようもないですな。こういう体質は一朝一夕には変わらないですね。これだけ皆の意識が変わっても、役所の仕事の仕方はほとんど変わってない気がします。

――それはやはり、役所は民間とは違った価値観というか、現状認識じゃないでしょうかね。企業も含めて、今ある種危機感を持っていて、そういう危機感から新しいものが生まれてくると思いますが、役所は危機感を持っていないのでしょうか。

結局税金でやっているから。自分で働いて稼いで、お客さんからいただいて初めて飯が食えるというのと全然感覚が違う。

——明治維新から一三〇年たって今日本の経済、社会の仕組みそのものが制度疲労を起こしていると思いますが、小泉さんがいくら構造改革といってもお金が地方まで回らないんですね。会長、これまでの長い第一線の経営者として、現在置かれている状況というのは、これまでとは違いますか、それともこれまでの延長ですか。

過去の好不況とは全然違いますわね。完全に制度的に行き詰まっているということは間違いないですね。だから、民間的思考で言えば、今までやっていたことを全部変えなければいかんわけだね。ところが、なんとかして変えないで行こうというのが役人の考え方だから。

——民間的手法とか民間に仕事を委託するとか、あるいは民間の資金を活用するとかというのが、今少しは出てきましたが。

ＰＦＩ（Private Finance Initiative）とかね。もう、役人がしていることの半分を民間に任せればよいわけです。役人は半分でよいわけで、そうすればわれわれの税金も半分にはならないにしても随分違うわけです。役所にしかできない仕事、絶対できない仕事だけにして、役所が交通関係をやっているとか、病院や保育所をやっているというのは、役所でしかできない仕事ではないんです。全部民間で請け負ってもよい。それを今、独立行政法人にするといっているんですが、イギリスはそういう点一番進んでいる。そういう講座を大学でやってもらうとよい。

——そうですね。ＰＦＩについては学生と研究しているんです。

そうですね。政策投資銀行が結構やっています。

——役所のあり方が問われないと、ただ省庁の名前を変えただけではだめですね。今、市町村合併が盛んで、これは人減らしになりますが、要は本当に公がやらなければいけない仕事をもう一度きちんと把握すべきだと思いますね。

不況で会社が苦しくなったら、まず人を減らして、半分にするとかからスタートしますわな。だが、役所は自分らが税金で自動的に入ってくると思っているから減らす気が無い。われわれ有権者としたら、まず議員を半分にしてもらえばよい。あんなに大勢議員がいてもらう必要は無い。

——市町村合併に伴う役所の統合ということでは、前回の吉田県議が言っておられたんですが、例えば三つの町が統合すれば、町長は一人で、収入役や教育長も一人でよいわけで、能美郡ではそれで年間五億円の削減になるそうです。それで、新しい仕事を創り出すとか、創造的な仕事を見つけ出すということが大事ですね。

そういうことで、会長は未来の社会、例えば二〇三〇年とか五〇年とかの孫子の世代の社会はどうあるべきだと思いますか。

ぼく自身は、もう言う資格は無いんで、会場の五〇代以下の人に言ってもらったらいい。ほとんど言う資格、年齢を通り過ぎているね。

――それでは、対論は最後なんですけれども、会場とのディスカッションがありますからその時に。環境問題につきまして、会長は昭和の初めから、戦中、戦後ずっと日本の自然を肌で感じていらっしゃったと思いますが、この五〇年ぐらいを振りかえって見られて今、自然とか水とかの環境は劣化しているとお考えですか。

トータルしたらそれは悪くなっているでしょうね。しかし、他の国に比べればまだまだ日本はよいんじゃないかね。中国なんかはその点では、今よく言われてますけれども、自然破壊やなんかは三峡ダムなんかは大変なことなんだから。どれだけの影響が今後出るかは分からない。想像つかない感じですね。日本はその点穏やかな自然環境に昔から恵まれていて、ラッキーな方ですね。だからなおさら、今ていねいに、念入りによいところを残すという工夫が必要ですね。

――日本は雨が多いですから、うまく管理すれば回復する力があります。日本の自然は世界で最も誇れる自然だと思いますね。

(この後、会場との活発な議論が行われました。前回も参加した名古屋大学大学院の小林君からは、税に対する疑問や、景気回復、社会に蔓延している不安などが質問されました。その他、中国の脅威や農業問題、道州制など多くの議論が交わされました)

——会長、先ほどは、これからのことは言う資格が無いとおっしゃいましたが、最後にこれからの日本社会について一言お願いします。

やはり時代は否応無しに変わって行くわけです。私が四〇代、ＪＣの時、五〇代の時、自分の今の年齢の七〇過ぎた人には、何か目障りというか頭がつかえているという感じがしておったわけです。ですから、少なくとも今の三〇代から四〇代の人がもっともっと元気を出して、大きく声を出して、行動を起こして欲しいなと。われわれはそれを一切邪魔しないで、できるだけ側に居て応援するという形で、一つ大きな変革の流れを作っていくしかないんじゃないかと思います。あまりにも昔ながらの儒教的な、家族的な、伝統的な、年寄りを大事にし過ぎても、先輩を大事にし過ぎてもよいことじゃない。

もう一つ、今後の日本を考えた場合には、高齢化と同時に少子化が極端に進んでいますから、いずれ移民の問題と真剣に取り組まなければいかんのじゃないかと思います。その場合、とくにこの北陸地域というのが一番開かれた地域になって、精神的によい移民を計画的に受け入れて、教育して、模範的に相手の国に返すとか、国内各地に供給するということができればよい。石川県金沢というのは文化的なよいものが残っていて土壌があるんですから、そういう場所になるのが一番よいんじゃないかなと、たまたま大学も高専も多いんですから、そう言うことをぜひ考えて欲しいなと思います。

——最後に大変柔軟でバランスの取れたご意見をいただきました。本日は大変ありがとうございました。

第3章

道州制国家の意義

国家の衰退と再生

戦争、テロ、不景気など、未来が一瞬にして変化する時代である。こうした時代において、社会に多様性があれば、予期せぬ撹乱に対して柔軟に対応することができるが、均質化した社会は脆弱である。多様性は長期的に見れば社会の安定を保証するだけでなく、さまざまな選択肢を提供する。

高度成長一辺倒の均質社会が残したものは、深刻な公害であったし、バブル経済一辺倒が残したものは、地域の崩壊と今日まで立ち直れない構造不況である。一極集中から多極分散型国家への変革が、不透明な未来を担保する。

現代の特徴は、第一に個人主義的である。頼るべきは自己自身であり、インターネットで結ばれた世界においては、個人や企業は国内はもちろん、国境を越えて「個」を発信することができる。グローバリズムと地域ブロックが並立する世界において、国民国家の存在意義は相対的に小さくなり、所属や肩書きを取り払った個人の生き方が〝新しい市民社会〟への推進力である。

第二に相互関係的である。人間と人間、人間と自然、国家と国家など、どれをとっても相互依存の関係にある。個人は経験と感性によって自立しているが、絶対的ではなく他者とのつながりにおいて存在する。

こうした社会において個人の能力は、命令服従のヒエラルキー（階層性）組織ではなく、相互関係的ネットワーク組織においてより発揮される。

第三は自由主義的である。制約や禁止から解放されるための自由ではなく、より高い理想を実現するための選択の自由である。自立した個人は、常に最高の場で自己を実現しよ

郵便はがき

料金受取人払

小石川局承認

4685

差出有効期間
2003年4月15
日まで
（切手不用）

112-8790

東京都文京区大塚
4丁目51−3−303

海象社 行

ご住所 〒 TEL		
お名前（フリガナ）		年齢 歳
		性別 男 女
ご職業	お求めの書店名	

海象社　愛読者カード

書名

◉本書についてのご感想など

◉今後の小社の出版についてのご希望

◉本書を何によって知りましたか

・新聞・雑誌の記事を見て――――新聞・雑誌名［　　　　　　　　　　］
・書評で ――――――――――――新聞・雑誌名［　　　　　　　　　　］
・小社の刊行案内で
・書店で見て
・その他［　　　　　　　　　　　　　　　　　　　　　　　］

ご購読およびご協力ありがとうございました。今後、新刊案内などをお送りする際の資料とさせていただきます。

うとする。松井秀喜や中田英寿のようにスポーツを通して人間を磨いている選手は、このような意味で自己を実現しようとしている。

政治、経済、文化、芸術、科学、スポーツにおいて、一流の人間が集積する都市、国家は繁栄する。ここに挙げた個人主義、相互主義、自由主義の原則は相互に関連し合いながら〝新しい市民社会〟の礎となる。

今日、国家はグローバリズムとローカリズムの波の狭間に揺れている。現在から未来を見るといつの時代も不透明だが、あるべき未来から現在を見ると選択肢は限られている。

二一世紀は均質より多様性、ヒエラルキー（階層性）よりネットワーク（関係性）型組織の時代である。国家においても、全ての権限が中央に集中するのではなく、中央政府と地方政府が役割を分担し合う複線構造がより機能的である。

中央集権から地方分権への移行も、こうした複線構造のあり方の一つである。地域社会のニーズを行政に反映するには、中央政府からの指令ではなく、道州政府のオリジナリティを地域住民・企業とのパートナーシップで実現する方がより効率的である。

よく使われる言葉だが、〝パートナーシップ〟とは互恵平等、つまり行政と地域住民・企業・NPOが相互に自らの不完全性を認識し、補完し合う関係である。各パートは完全に対等な立場で、信頼と共感を築くために結ばれる。

このような関係に基づいて、企画・立案段階から地域住民・企業が参加することによって、行政は無駄なサービスを省き、地域のニーズとコストに合った行政サービスを提供し、地域住民は、行政サービスの受益と結果に対して責任を持つことになる。

こうした行政サービスにおける質的変化は、今日の社会構造が国家―個人の二項関係から、国家―個人―社会の三項関係へと変化することによって生じたと考えられる。つまり、個人は会社や家庭における〝私〟的立場に加え、地域社会やNPOといった公共の〝共〟的な立場を受け持つことになる。

個人の〝共〟的立場は、二〇世紀後半、大量の資源、エネルギーを投入して創り出された西欧型市民社会や、わが国で実現している第二の人生を生きる長寿社会の正の遺産である。つまり、この時代の豊かさを享受した人々が、自らの価値観に基づき地球環境問題や地域社会の問題に対しさまざまな行動を始めている。

二五〇年前、アダム・スミスは、重商主義社会から資本主義的市民社会への移行を「共感」の概念で表現したが、今日〝資本主義的市民社会〟から〝新しい市民社会〟への移行は「ガイア＝生きている地球」の概念で表すことができる。利己的でわがままな人間が社会の結びつきを維持していくには、利益享有社会の中に価値共同社会を組み入れることが必要である

ところで、この「社会」や「市民」という言葉ほど、日本語として不適合な言葉は無い。これが「市民社会」となると、まだ借りもののようで心に染み込まない。おそらく日本語として古くから使われてきたのは「世間」、「世の中」という言葉だろう。日常生活には「世間体」、「世の中の常」などとして使われ、フォーマルな場面では「社会人」、「社会的責任」などと使い分けられてきた。

漢字の本家中国でも、「世間」は主観的、「社会」は客観的な意味で使われているらしい。「市民」のほうも、「金沢市民」、「横浜市民」といった行政区分ではなく、行政から自立した一個人という意味である。

これに対して、「庶民感情」、「庶民の味方」などと言えば、感覚的にぴたりとくる。「社会」や「市民」は客観的な権力を前提にした言葉だが、「世間」や「庶民」は主観的な習俗

から発する感情であろう。

「人間をあるがままに現実の姿でとらえ、法をありうる可能の姿で捉えた場合に、社会の秩序の中に、正当にして確実な国家の設立や国法の基準があるかどうか、これを私は研究したい」(3)。これは有名なルソーの『社会契約論』第一篇の一文である。ここには、「人間、社会、国家」各々のあり方、違い、社会的役割が明快に示されている。ここでは、まさに人間、社会、国家それぞれが「なあなあ関係ではなく」、「違いを認め合う緊張関係である」がゆえに、「社会契約」が成立するのである。日本的感覚で言えば、「和して同ぜず」という関係だろうか。

私がアダム・スミスから借用してきた「共感」も、単なる集団における対象への思いやりではなく、「国家、個人、社会」それぞれの立場の「違い」をつなぐ概念である。したがって、「共感」は社会契約的関係を成す倫理規範である。

私が構想する道州制において、中央政府、自立した市民、道州政府は、各々が国家、個人、社会の役割を担い、互いに「共感」、「パートナーシップ」、あるいは「ガイア=生きている地球」の感覚によってつながりを持つ。

こうした社会を、二〇世紀の資本主義的市民社会と区別する意味において、「新しい市民社会」と呼ぶ。「国家、個人、社会」が統合され「新しい市民社会」が動き出すには、システム論ばかりでなく、「共感」、「パートナーシップ」といった信頼や情感に基づいた社会契約的関係の構築が不可欠である。

一九世紀半ば、フランスでは大革命（一七八九年）から三度目の二月革命（一八四八年）が勃発し、これがドイツの三月革命に引火し、復古調のウィーン体制が崩壊する。

一九世紀後半、列強先進国家が次々と誕生する。イタリア王国（一八六一年）、南北戦争後のアメリカ合衆国の統一（一八六五年）、日本の明治維新（一八六八年）、プロイセンによるドイツ帝国（一八七一年）、まさに二〇世紀の世界史を彩る新興国民国家の出現である。イギリスだけは、一七世紀市民革命、一八世紀の産業革命を経て、一人先進国の立場にあった。イギリスが漸進的に歩んだ近代国家への道をこれら国民国家は猛烈な勢いで突き進んだ。

二度の世界大戦で疲弊したヨーロッパにおいて、国民国家はヨーロッパ石炭鉄鋼共同体（ECSC）からヨーロッパ経済共同体（EEC）を経て、EUという超国家の傘下に結集した。

アメリカは、もともと分権的な合衆国であり、二〇〇一年九月一一日以降雰囲気は変わったが、やはり多様な価値融合国家である。

非西欧国家の中で、日本だけが近代国家の列強に入ったことは意義深いことであるが、今日なお唯一、一三〇年前の旧式国民国家の体制を維持している。

今日のEUの源流をたどれば、七〇年前のオルテガの『大衆の反逆』（一九三〇年）に行きつく。そこでは彼は、ヨーロッパ復興の鍵は統合であることを次のように述べている。

「かつてなかったほどの生の自由を所有しながら、われわれ全てはそれぞれの国の中で空気を呼吸することもできないと感じている。というのは、その空気が密室の空気だからである。以前には開放されて空気のよく通った広大な環境であった国が、州のようなものになり、〈室内〉になってしまった。われわれが想像している超国家では、現在の複数制がなくなることはあり得ないし、なくなってはならない。…ヨーロッパ大陸の諸国民を一丸として、一大国家を建設する決意だけが、ヨーロッパの心臓を再び鼓動させることができるであろう」(4)。

オルテガの先見性は、まさに今日置かれた日本の現状およびそこから脱却する処方箋を提示している。オルテガ流に言えば「日本国民一丸となって、分権型道州制国家建設への決意こそが日本再生の道に通ずる」となる。

われわれが、経済大国にどっぷりつかり、自由放蕩を謳歌している間に、前途に暗雲が立ち込めてきた。それは冷戦構造の終結からグローバル化という新しい世界の流れの中で、日本一国だけが遺物化した中央集権的体制にしがみついている。

わが国では、権限、財源、政策全てが古くなった中央のフィルターを通らないと流れない仕組みになっている。今このピラミッドを逆さにし、道州政府と中央政府の役割区分を明確にした行政機構に変えるならば、風通しがよくなり、あらゆるものが勢いよく流れ始める。

二〇〇二年、一五〇時間の議論を経て最終報告された道路公団改革案に対して、国土交通省は法案作業にすら入らない様子である。道路公団民営化の是非は別にして、こうした決定に対して行政システムが動かないことが問題である。

インターネット社会では、組織より個人、階層より相互関係、規制より自由が、より大きなインセンティブ（誘因）となる。しかし、わが国においては、相変わらず組織優先、ピラミッド型、規制・許認可・免許社会である。

こうしたことが既得権益保護、自由参入阻止、社会の平準化を進め、まるで蛸壺《たこつぼ》に入ったような狭苦しくて魅力のない社会にしている。

株式の日本売り、日本企業に働きたがらない若者、有名スポーツ選手の海外流出、掛け声ばかりで一向に動き出さない構造改革、これらは皆一三〇年続いている中央集権体制が反逆している結果である。

歴史は、国民の主体的な意志によってしか動かない。私は〝新しい市民社会〟のキーワードとして「共」と「競創」を挙げたい。わが国が目指すべきは〝私〟が創り出す新しい〝共同〟と「競い合って新たな価値を創り出す〝競創〟」社会である。

目覚めた者たちの小さなグループが、始動ボタンを押すことによって第一歩が踏み出される。地方・中央を問わず既存の権威の中にも変化の胎動は、創造と破壊、前進と後退、変化と安定を含みながらも確実に前進している。

道州制と地球環境問題

さまざまな社会的要因の中には、集権的なものと分権的なものがある。わが国ではこれまで、国・地方の行政組織、企業、労働組合、各種団体などほとんどの組織は、集権的手法で運営されてきた。これは封建体制の名残であり、上に立つ者が責任を取る信賞必罰的気風が社会にあったからである。

しかし高度成長を経て、家族形態、教育、雇用、地域社会などが急速に変化し、それまであった「勤勉、節約、孝行」といった儒教的価値観が社会の隅に追いやられてしまった。代って出てきた「消費は美徳」、「無責任な自由」の風潮は、人々を「使い捨て、大量消費」に走らせた。

「もったいない」は、精神のあり方であって数値化できないが、「消費」は量と値段で指標化できる。一九六〇年代高度成長期あたりが日本社会の転換点だろう。

それまで、地域共同体が提供してきたサービスが、市場を通して供給されるようになった。共同体のルールが、サービスの商品化による市場のルールに置き換えられたのである。

このように、あらゆる物が金銭で換算される時代は便利だが、関係性が希薄である。万人に平等に与えられているはずの「時間」も、市場経済においては一時間は一〇〇〇円の人もいれば、一万円の人もいる。

こうした価値観の変化は、生活スタイル、習俗、伝統、文化などこれまで家族や地域社会を結んでいたつながりを崩壊させた。しかし、今再びそうした地域社会のつながりの重要性が見直されている。

経済では買えないNPOによるサービスが各地で始まっている。例えば、介護は家族から社会が看るというように変わったが、行政だけでは十分なものが提供されず、NPOによってより適切な介護がなされている。

いずれは育児も、母親の専従から父親との共同で、さらに地域が手を差し伸べる時代がくる。昔は当たり前だった地域による育児が、少子化の今日再び脚光を浴びてきた。

このように、これまで国・自治体が提供していた行政サービスへのニーズも質的に変わってきた。

人間がアイデンティティー（Identity　自己とは何か）を持ち、他者との中で自己の存在を認識するには、場所の広さが影響する。学校でも地域社会でも国家でも広過ぎず、狭すぎず、そこには適正な規模がある。この観点から、日本の一億二六〇〇万の人口は大き過ぎるし、GDP（国内総生産）四兆三〇〇〇億ドル（五〇〇兆円超）の経済力は巨大過ぎる。

今日、日本人を襲っている無力感や依存感は、国家の規模と大いに関係がある。三〇年前人口は約一億人、二〇年前GDPは約半分の二六〇兆円だった。おそらく、権限も財源も一極集中させ、そこから一部の官僚、政治家が再配分する中央集権システムは、このあたりが限界だろう。

官僚、自民党族議員にとって、道路公団の四〇兆円の借金や今後一六兆円を投入すれば高速道路がつくれるという発想が、六二七兆円の国の借入金・国債残高と比べて大したことではない、という麻痺感覚からきているとするならば恐ろしいことである。国という怪物が、無駄な公共事業によって地域の現場感覚を狂わせている。

地球上の生き物は全て自分のニッチ（棲息場所）を持っている。人間はよくも悪しくも群れる動物だが、大都会では巨大過ぎて自分の居場所が見つけられない。日本人の政治的無関心も、大衆民主主義という巨大な数の塊の中で、生態学的ニッチが壊れた結果とも見える。

投票率が、二〇％台の市長選挙や三〇％台の国政選挙が異常なことではなくなってきているのは、「自分の一票なんか」という自己を矮小化した意識の反映である。財政を差配する官僚・政治家も、大企業を取り仕切るトップも、就職を求める若者も、皆職分に応じた適正なニッチが分からず、生きることの意味や未来への戦略を持たずにひたすら量の極大化に走っている。

ところで、経済規模を図るGDPそのものが、バランスを欠いた一面的評価である。われわれは経済を大きくすれば豊かになれるとGDP信仰に走ったが、一九三〇年代の戦争経済を図る目的で編み出された、この指標の生みの親である米国の経済学者サイモン・クズネッツ自身、GDPの欠陥については早くから気づいていた。ともかく、質を度外視して量の大きさだけで表そうとする指標は、対象を正確に捉えることはできない。

ガイアのシステムにおいて、量だけを追求するならば、有名な〝カイバブ台地の悲劇〟を引き起こすことになる。アリゾナの広大なカイバブ台地の生態系は、オオカミを頂点として、シカ、草木の食物連鎖で成り立っていた。オオカミは人間の敵であり、いなくなればシカが増え、人間にとっては都合がよい。

そこで森林保安官は、次々とオオカミ狩りを行った。オオカミという天敵がいなくなった生態系において、シカが増殖し、シカは草木の根まで食べるので、やがては植物も生えない不毛の台地となった。

ここからアルド・レオポルドは、人間中心主義の誤りに気づき、「Thinking like a mountain（山の身になって考える）」という、思想に到達する。自然は、何かが一方的に増大すると、最適規模を維持しようとしてフィードバックシステムが働く。

これまで述べてきた道州制について、環境倫理的には、大きくなり過ぎた中央政府を適正規模へフィードバックしようとする日本国の存在本能から発しているのかもしれない。地球環境問題は、国家間、国際間の政治・経済・社会問題と相互に作用しながらますます大きくなってきた。CO_2を削減しながらGDPを伸ばす社会経済システムの構築は可能か。その場合、グローカル（グローバルとローカルの統合）な産業政策、税制、人材活用策はあるか。

こうした視点から、何のために道州制を創るのか、そのために何をすべきか、自分の視点、地域の視点を持つことが重要である。そこから、道州制へのプロセスにおいて地域住民自らが議論し方向性を決定するならば、民主主義の発達に大いに貢献するものである。

単に中央省庁からの権限移譲に伴う受け皿ではなく、地域のことは自分たちが決める。一三〇年前、福沢諭吉が言った「一身独立して、一国独立す」、「独立自尊」の精神が今こそ求められている。

洋の東西を問わず、およそ人間社会において、「権利の上に長く胡座《あぐら》をかく者は必ず腐敗する」。幕の下りない劇は無く、主役は交代するのが、自然の掟である。万物は流転し、循環するのがガイアの原則である。

新聞社説「道州制提言・独立国を造る気概で」を紹介する。

「地方自治制度において、今の都道府県を廃止して、米国のような道州制を取り入れてはどうか、という議論はずいぶん前から続いている。明治以来の中央集権制度は、それなりの成果をあげたが、二一世紀を通じて新しい日本の国造りを進めるには、住民が自己責任で地域の自治を担う地方分権制度が望ましいという意見が大勢を占めるようになっている。

国内三二五二の市町村は、人口、面積、経済力がばらばらで、広域化する行政の実態に合わない。政府は二〇〇五年三月末を目途に、市町村合併を推進する方針を掲げ、合併特例債など、合併した市町村に財源調達のための優遇策を提示した。これに呼応して現在、全国の約八割の市町村が合併を検討している。

…小泉首相は都道府県制度にも踏み込み、道州制を含む地方制度改革について検討するよう政府機関や与党に指示している。…総合経済団体である中部経済連合会が、今月初め「道州制移行への提言」を発表、国会などに働きかけを始めた。

提言はさまざまな矛盾を露呈している中央集権制度を改革し、地方分権体制を築くために道州制を導入すべきだと強調している。北海道、東北、北関東、南関東、中部、北陸、関西、中国、四国、九州の十道州を設ける。中部は長野県を含む五県、北陸は新潟まで入れる四県、東京は南関東に属する。将来は、首都を国土の中央部に移転して特別市にするとしている。

国の権限を外交、防衛などごく一部に限り、ほとんどの行財政の権限を道州に移すのがよいとしているのは米国の州制度に似ている。長年、都道府県制度に慣れてきた国民の意識が県境の壁を越えるには、それほど簡単ではない。

中央政府の権限移管にも相当な抵抗が予想される。できるだけ多くの人々がそれぞれの立場から提案し、具体的な行動で世論を盛り上げていくしかない。日本人にはあまり経験がないが、独立運動に似た気概と情熱を持って取り組むべき課題である」

（『北陸中日新聞』二〇〇二年一一月四日付）

本社説は、経済団体から見た道州制の提言だから、産業構造の転換、経済の活性化といった視点からなされている。

この点について、EU諸国と日本経済、そして一例としてここで挙げられている北陸州の経済力を比較して、提言の意味を検証したい。

経済規模の指標として、一般的にGDPが使われるが、先に述べたようにGDPには、環境破壊や健康に害のあるもの、戦争に荷担するものも金銭にカウントされて含まれるが、その反面、家庭料理や育児、ボランティアや献身的行為はGDPには含まれない。

したがって、個人や国民にとって、真の進歩や豊かさとGDPの大きさとは必ずしも一致しないことを理解した上で、以下の比較を見ていただきたい。

ここでは、日本とEU諸国、米国、中国の①九九年と二〇〇〇年のGDP、②一人当たりGDP、③人口を比較する。（表3）

表3　日本と諸外国のGDP（国内総生産）と人口の比較

	1999年のGDP	2000年のGDP	一人当たりのGDP	人口
日本	4兆4900億ドル	4兆7600億ドル	約35,000ドル	1億2690万人
ドイツ	2兆1100億ドル	1兆8700億ドル	約25,000ドル	8200万人
英国	1兆4600億ドル	1兆4300億ドル	約24,000ドル	5950万人
ノルウェー	1536億ドル	1619億ドル	約35,000ドル	450万人
デンマーク	1836億ドル	1622億ドル	約33,000ドル	532万人
スウェーデン	2415億ドル	2277億ドル	約26,000ドル	891万人
オランダ	3981億ドル	3695億ドル	約24,000ドル	1586万人
フランス	1兆4400億ドル	1兆2900億ドル	約23,000ドル	5890万人
スイス	2583億ドル	2403億ドル	約37,000ドル	717万人
米国	9兆2700億ドル	9兆8700億ドル	約35,000ドル	2億8600万人
中国	9912億ドル	1兆800億ドル	約850ドル	12億6600万人

出典：「The World 2002」監修日本貿易振興会　制作（財）世界経済情報サービス

日本のＧＤＰはドイツの二倍、英国の三倍以上である。北欧諸国は人口、ＧＤＰは小さいが、一人当たりのＧＤＰが大きい。米国は世界で唯一の超大国であり、中国は一人当たりのＧＤＰは小さいが、ＧＤＰの伸びは著しい。

ここで、北陸州に予定されている新潟、富山、石川、福井それぞれ四県の県内総生産（一九九八年・一ドル一二五円換算）と人口を見てみよう。（表４）

北陸州のＧＤＰ：一七四一億ドル、人口：五六〇万人。これはデンマークのＧＤＰ：一六二二億ドル、人口五三二万人にほぼ匹敵する。これに長野県の七兆九五〇八億円（六三六億ドル）、二二一万人を加えると、

GDP：二三七七億ドル、人口：七八一万人となり、スウェーデンに近くなる。GDPと人口だけでは正確な比較とは言えないが、数字的には北陸州は北欧一国の規模となる。

デンマークは、風力発電タービンの世界シェア第一位で、一九九〇年代の一〇年間でGDPを二七％伸ばしながら、CO_2を一一％削減することに成功した。まさに環境と経済を両立させた優等国として世界の注目を集めている。そのポイントは環境税である。

一九九六年に発表された「新エネルギー政策」は、それまでの低い税率を改め、税率を年々引き上げることで、「環境に配慮しない企業は、市場から退却すること」を明確に示した。

こうした強い政策を実行するために、政府は企業との信頼関係が必要だが、「政府が産業の方向性を示し、企業は市場を切り開く」というパートナーシップを結んだ。そして「環境税は罰則ではなく、新しいビジネスチャンスを提供するもの」という理念を打ち立てた。

仕組みはこうである。「企業は環境税を納める。政府は環境税を財源にしてCO_2削減を達成した企業に省エネ補助金を与える。年々税額が大きくなるので、補助金を使って新たな環境ビジネスを創造す

表4　北陸州に予定されている四県の県内総生産と人口の比較

	県内総生産	人口
新潟県	9兆5874億円（767億ドル）	247万人
富山県	4兆4087億円（353億ドル）	112万人
石川県	4兆5230億円（365億ドル）	118万人
福井県	3兆2426億円（262億ドル）	83万人
北陸州	**21兆7617億円（1741億ドル）**	**560万人**

出典：「県勢2002」（財）矢野恒太郎記念会

る」。ここに環境主義経済の実際例を見ることができる。

これは、デンマークの人口・GDP・社会などの規模が適正だから可能な政策である。日本政府においても京都議定書は重要な政策課題であり、風力発電など再生可能エネルギーの普及については、政府、電力会社、NPOなどが仕組みづくりに取り組んできた。その具体的成果として、自民党議員も多数賛同している「自然エネルギー促進法案（仮称）」がある。これはドイツなどで成果をあげている定額による電力会社の買い取り義務などを盛り込んだ法案だが、二年以上を経過しても未だ議員立法にすら提案されない。

こうした法律の必要性は、政府、企業、市民は皆理解しているのだが、とにかく日本という舞台そのものが大き過ぎて回らない。よく言われる「総論賛成、各論反対」は、議論の場に価値を共有する信頼関係・パートナーシップが生まれていないからである。それは、やはり顔が見える距離ではなく、広過ぎて、適正規模を欠いているからであろう。

わが国のソーラーパネルは、生産量が世界第一位なので、もっと国内シェアを拡大し、ODA（政府開発援助）による途上国援助などによって、主要産業に成長する可能性がある。小型水力、バイオマス、地熱発電など、わが国の自然に合ったエネルギーを取り出す研究開発がなされているが、有効な政策が打ち出されないので宝の持ち腐れである。

風力発電は、NEDO（新エネルギー産業技術総合開発機構）などの助成金や市民ファンドによって一部の事業が実現しているが、ドイツの一〇〇〇万キロワットに比べれば、その三〇分の一以下で、インドや中国にも及ばない。

国の構造改革、産業構造の転換が叫ばれているが、日本経済があまりに巨大戦艦になり過ぎて、容易に方向転換できない。日本が失われた一〇年と言っている間に、デンマークはタグボートのように身軽に方向転換をなした。

もちろん、デンマークと風の歴史は、一〇〇年もの蓄積があり、一朝一夕に成ったものではない。しかし、エネルギー自給という国家ビジョンに基づいた戦略であり、地球温暖化や京都議定書の発効に対し大いに責任を果たしている。

道州制国家が成立すれば、新しい産業が創出されるという図式は単純であるが、市民・企業・行政はより自分たちのこととして考えるようになるのは確かである。

今わが国に大事なことは、「やればできる」ということを証明して見せることである。京都議定書のCO_2削減六％の数値目標「やればできる」、排出量取引を使った企業間、道州間、国家間取引の公正な制度も「やればできる」、電力使用量の削減、ゴミ・容器包装類の大幅削減も「やればできる」、現実に二〇〇二年一〇月からダイオキシン類の九〇％削減が実現している。

こうした政策の実現は、ＮＰＯやボランティアでは補助的なことは可能だとしても、やはり市場を通してなされるのが最も効率的であり、その主体は企業である。

二〇〇一年四月、わが国リサイクル関連法が一斉に施行された。二年近く経った今、その実績はどうだろうか。ゴミの分別はうまくいっているが減量には至っていない。ペットボトルの回収は増えたが、生産量はさらに増加している。つまり、法律はできたが社会は変わらない。

ドイツでは、この一〇年間にゴミの量が半減したと言われるが、同じような法律でなぜ成果が違うのか。ドイツの連邦廃棄物法は、全ての責任は事業者が負担する。したがって、ゴミになるものを作ると自らの負担になるので削減のインセンティブが働く。

二〇〇〇年四月から施行されている容器包装リサイクル法は、最もコストのかかる回収は市町村、分別は市民、再商品化は事業者が義務を負うが、(財)日本容器リサイクル協会との委託契約、ないしは能力の範囲内の再資源化でよいことになっている。

日本の場合、事業者、自治体、市民三者が責任を分担して公平のようだが、結局責任主体が不明確で、誰も責任を負わなくてもよいようになっている。

ドイツにおける「事業者の拡大生産者責任」は、ゴミになるものを生産すると回収再商品化義務を負わされるので、必要なものしか生産しなくなる。このような企業の製品は、環境に配慮した製品であることを証明するラベルを貼ることが許されるので、消費者は、この「ブルーエンジェル」ラベルを信用して購入する。環境に適応した経営をすることによって行政の罰則から免れ税制や補助金で優遇される。一見厳しいようで、事業者、市民、行政が、それぞれの立場で社会的責任を果たすことになり、ゴミ削減という目標が達成される。

日本においても、事業者、市民、行政それぞれが、社会的責任を果たせばメリットが得られる仕組みを作れば、ゴミ削減の目標は達成される。

資本主義経済は、地殻から資源・エネルギーを掘り出し、大量生産・大量消費・大量廃棄の一方向型経済社会を作り出した。

環境主義経済は、太陽起源の風力、ソーラー、バイオマスや水素による燃料電池などの再生可能エネルギーを使って、リサイクルや最小資源にデザインされた適正規模の生産、消費を行う循環型経済社会である。

ところで、再生可能エネルギーの究極のものは、人間の力である。われわれが、自転車で移動すればエネルギーは一切使わず、われわれの身体の中で完結している。健康で暑さ寒さに耐えられれば、それだけで冷暖房のエネルギーは削減される。そのためには自転車道の整備や街づくりなどによって直接のエネルギー節約ではないが、間接的にエネルギーが節約されるソフトエネルギー社会の構築は必要である。

これまで見てきたように、環境主義経済社会においては、「環境、自治、教育」の成果を向上させるために市民・企業・行政がパートナーシップを結び、環境に適応した経営、製品・サービスを提供する場合は税制、補助金等の経済的優遇を受け、資源・エネルギーを大量に使用する企業は、市場から退散せざるを得ないような不利益を受ける経済社会である。

その中で最も重要なのは、税制である。中期的には、今のような所得税、法人税という人間の活動の成果に対する課税ではなく、資源・エネルギー・廃棄物など使用する物質起源に対する新たな税体系が望ましい。したがって、所得税、法人税という高額所得者から徴収する仕組みは、二〇五〇年ごろにはなくなり、全く異なる税体系になっているだろう。

道州制モデル

道州政府と中央政府との関係については、いくつかの形態があるが、基本的にはそれぞれの役割分担によって〝自分のことは自分でやる〟というスタンスである。

これまで国がやっていた、税・財政、公共事業、教育、産業政策、議会制度、地方行政など、およそ身近なことは、道州政府・県・市町村が住民・企業と協働してやることになる。こんな大変なことはできないから今までのように国にやってくれといっても、国ももう今までのようには続けられない。じつは国と地方で責任のなすり合いをしている場合ではなく、今何かをしなければ手遅れになるところまできている。

第二章で述べたように、今すぐ日本が破産するということではないが、政府・霞ヶ関・自民党が何も決められなくて、ずるずる行くと日本の再生はなくなる。仮に一〇年ほどかけて道州制に移行する国家プログラムができれば、二〇一五年の日本には日差しが戻ってきているだろう。

もう一つ注目すべきは、日本の経済と人口規模である。

現在の規模での一極集中はマイナスに働くが、適正規模に分立すると政治・経済・社会が全体として機動的に働く。つまりGDP四兆五〇〇〇億ドル、人口一億二六〇〇万人がばらつきはあっても一〇程度に分割されると、〝一〟だったものが全体として〝一・三〟とか〝一・五〟になり得る。

人口は需要規模を決定するが、同じ一億二六〇〇万人でも、均一である時より競合状態の方が人間は活動的になるから、需要が増加する。

道州制によって、乗用車やICなどの海外輸出産業と道州間交易産業との二重産業構造が創り出される。そうなると国際金融システムとしてのドル―円経済と、道州間サブ金融システムとしての円―地域通貨経済の金融の二重構造が生まれるかもしれない。グローバリゼーションの波を受けて沈滞している農業、林業、水産業などの生活産業が〝道州間の競創と補完〟によって自立可能かも知れない。

道州制がもたらす多様性と統一は、多くの可能性を持っている。

「差異、多様性、不足」はガイアにおいて、エネルギーが発生する前提条件である。全てのエネルギーは太陽を起源とするが、差異が大きければ大きいほどエントロピー(物事の乱雑さを表す量)が小さく、より大きな仕事量を取り出すことができる。やがて差異がなくなり平準化すると、エントロピーが増大して、それ以上利用することはできなくなる。

風は気圧や気温の高低によって生じ、水流は地形の高低によって生じるが、差異が大きければ大きいほど仕事量も大きい。

エントロピーの法則は、地球システムにおける熱力学の法則だから、人間の社会システムもこの法則から逃れることはできない。国家、企業、組合、学校など社会のさまざまな組織は差異を受け入れ、多様性があり、ある程度不足状態の時がもっとも活発である。逆に差異を排除し、均一になり、現状に満足した組織からは何も生まれない。

道州制について、さまざまな議論がなされているが、もっとも身近な立場にいる都道府県・市町村の首長は、これをどのように受けとめているだろうか。民間研究機関の「ＰＨＰ総合研究所公共経営研究センター」が行った調査によると、ほぼ半数の首長が「都道府県の合併は必要」と回答している。道州制については、七割近くが賛成し、市町村合併だけでなく都道府県の合併再編も必要、と考えていることが分かった。

調査は、二〇〇二年八月に実施され、七三九人の首長から回答があった。都道府県合併について「必要である」が五三・二％、「現状のままが望ましい」は八・一％だった。また都道府県が合併する場合、「道州制が望ましい」が六七・八％、「好ましくない」が二五・八％だった。

この数字から見ると、現状でよいと考えている首長が一割にも満たないということは、一般国民よりも地方財政に責任を持つ立場の首長に危機感が高いことが分かる。

バブル期に地方交付税交付金や補助金で建てた箱ものが、予測したような稼働率を上げられず、維持管理費の負担が重くのしかかってきている実態がある。

都道府県の事業財源である歳入内訳は、次の通りである。

自主財源：地方税三二%・その他収入一六%　計四八%

依存財源：地方交付税交付金二二%・国庫支出金一八%・地方債一二%　計五二%

つまり、自主財源と依存財源の比率は、全国平均四八対五二である。ただし、全国歳入総額五四兆四〇〇〇億円の約一二%を占める東京都の自主財源が八三%あり、東京都以外の神奈川、愛知、大阪を除けば、ほとんどの自治体は六〇%以上を依存財源に頼っていて、七〇%を超えている自治体も四県ある。

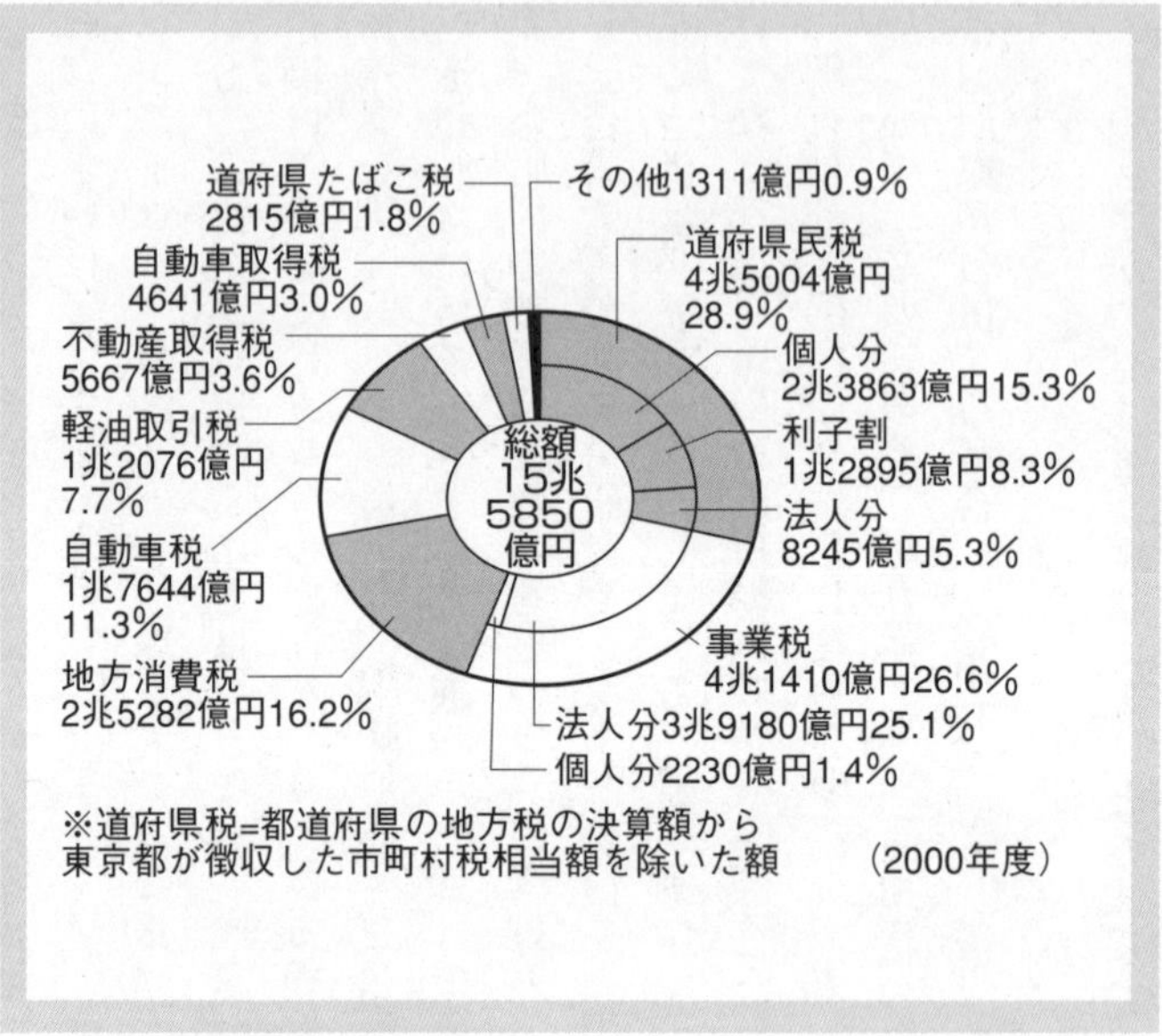

図3　道府県税の収入状況　　出典：北陸中日新聞

こうしたことから、今後とも国の補助や借金を重ねながら、事業を継続せざるを得ない地方の実態が浮かんでくる。

二〇〇〇年度の地方税の収入は、次の通りである。

市町村の税収総額一九兆九六一四億円：固定資産税四五%、市町村民税四一%、都市計画税が七%。

道府県の税収入総額一五兆五八五〇億円：道府県税が二九%、事業税二七%、地方消費税一六%、自動車

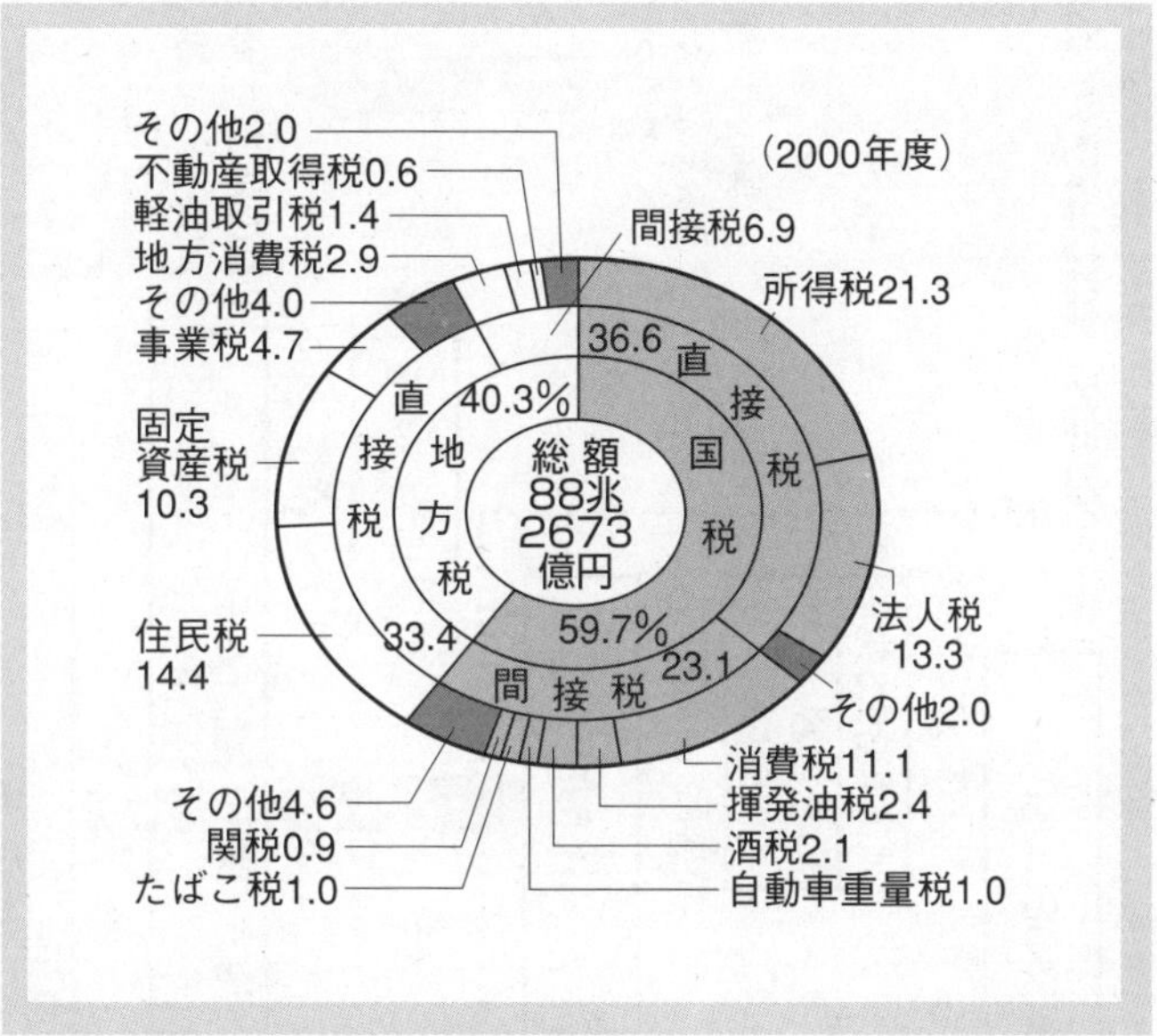

図4　国税と地方税の収入状況　　出典：北陸中日新聞

税が一一%、以下軽油取引税、不動産取得税など。（図3）

国税と地方税を合わせた収入状況は、八八兆二六七三億円で、その比率は六対四。支出は逆に四対六だから、国税として中央が吸い上げ地方に配分する構図がはっきり現れている。（図4）

国と地方の税財源の配分は、国税五二兆七〇〇〇億円、地方税三五兆六〇〇〇億円の合計八八兆三〇〇〇円に国債、地方債を上乗せし、国民へのサービス還元として国の歳出が六三兆円、地方の歳出が九六兆円となる、国・地方の歳出総額は一五九兆円に上る。（図5）

地方財政の財源不足は、不況による地方税収の落ち込み、景気刺激策としての公共事業の追加と減税によって一九九四年以降急激に拡大し、二〇〇二年度には一四兆一〇〇〇億円の財源不足になった。地方債の増発と地方交付税の増額で賄っているが、地方財政の借入金残高は二〇〇二年度末で一九五億円と見込まれている。

地方公共団体の財政力を計るための徴税収入と財政需要の比率を見ると、分母が財政需

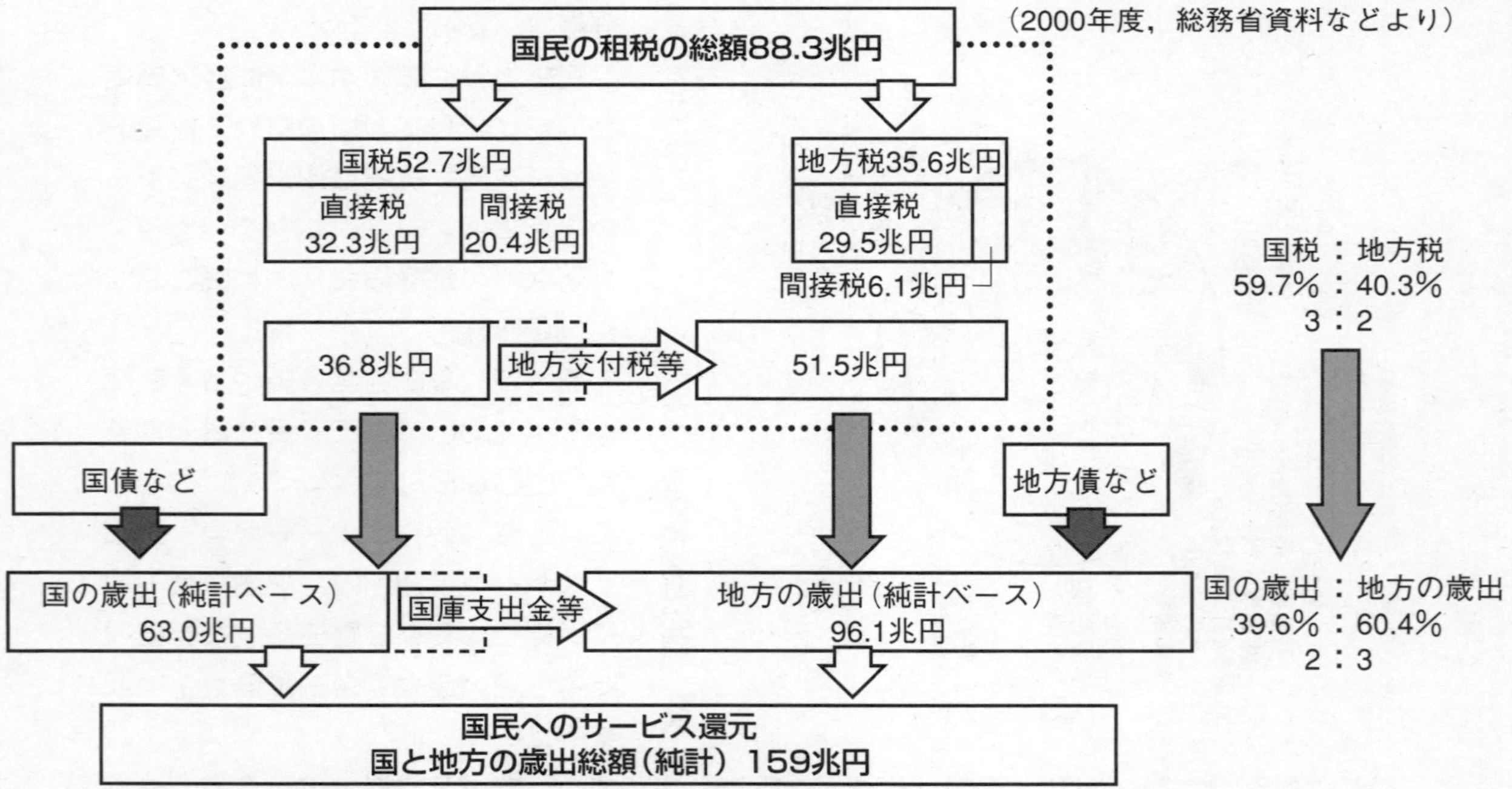

注1　地方交付税等とは，地方交付税・地方譲与税・地方特例交付金
注2　地方交付税の対象税目・税率は，所得税・酒税32%，法人税35.8%（2000年度から）
消費税29.5%（1997年度から），たばこ税25%

図5　国と地方の税財源の配分

出典：北陸中日新聞

要で分子が税収になるが、一以上ならば収入に応じた支出であるが、税収と財政需要のバランスが取れているのは東京都だけである。

首都圏と大都市を抱える愛知、大阪、兵庫、福岡を除いて、他の道府県の財政力は〇・五未満、つまり税収によって賄えるのは半分以下しかない。とくに首都圏から遠く離れた東北四県、山陰、四国、九州・沖縄は〇・三未満、つまり三割自治ということである。

新聞報道によると、石川県は中期的な財政見通しを初めてまとめ、二〇〇二年一一月一五日の県議会総務企画委員会に報告した。

税収の落ち込みが改善されない中で、①退職手当の増加、②県債償還の本格化、③高齢化社会への対応、という〝トリプルパンチ〟に見舞われ、財政の硬直化がいっそう進むと懸念されている。

見通し期間は、二〇〇三年度から〇七年度までの五年間。〇二年度の決算見込みをもとにすると、歳出が歳入を上回る赤字状態が続き、収支不足額は〇三年度の四〇億円から、景気が現状ペースで進んだ場合、〇七年度は五倍の二〇〇億円になる見込みである。「団塊の世代」の退職者数が〇七年度にピークを迎えるうえ、国の経済対策で発行した県債の償還時期に差しかかるためである。

景気が好転せず、新たな対策も打ち出せないとなれば、不足額は三〇〇億円に膨れ上がる。

（『北陸中日新聞』二〇〇二年一一月一六日付の記事による抄録）

石川県は、人口において全国の約一％を占め、その他指標も一〇〇倍すると国の数字に近い。どの自治体においても、地方財政の状況は大変厳しい見通しである。これを裏づけるように二〇〇二年一二月一五日、地方自治体の予算編成指針となる二〇〇三年度の地方財政計画が、本年度の八七兆円を下回る八六兆円台となることが総務、財務両省の折衝で固まった。

地方財政計画の規模が前年度を下回るのは、一九五四年度の地方交付税制度創設以来初めてとなった。計画規模の減少は、地方単独事業など投資的経費の歳出を抑制することが主である。

こうした数字は、自治体において、これまでのような依存型予算が不可能であることを示している。

行き詰まる予算編成

このままでは、国の予算編成がむずかしくなる。政府は、二〇〇二年度当初予算において、税収総額を四六兆八〇〇〇億円と見積もった。しかし、長引く不況の影響で税収が落ち込み、不足額は二兆五四〇〇億円に達し、四四兆二八〇〇億円に減額する。

不況の長期化により法人税が、予算額の一割以上に当たる一兆二〇〇〇億円落ち込むほか、所得税が一兆一〇〇〇億円、消費税は約二〇〇〇億円減額される。これは一九八六年度以来、一六年ぶりの低水準となる。

ところで、政府は当初予算で、すでに「国債新規発行三〇兆円枠」を使い切っている。したがって、税収不足を埋める財源は「国債」に頼らざるを得ず、追加発行はそのまま

「三〇兆円枠」を突破、三五兆円程度に増える。
二〇〇三年度も、先行減税の実施やデフレ長期化で、さらに一～二兆円税収が減る見通しである。

第二章で示したように、二〇〇二年一二月二〇日、二〇〇三年度予算の財務省原案が内示された。国税収入は〇二年度当初予算に比べ一〇・五％減の五兆円以上も激減し、四一兆七八六〇億円。一九八七年以来、一六年ぶりの低水準に落ち込む。

一方国債の発行は、過去最高の三六兆四四五〇億円。一般会計総額は、八一兆七八九〇億円と前年を〇・七％微増した。税収は、補正予算で減額した四四兆二八〇〇億円をさらに二兆円下回る一六年ぶりの低水準である。この結果、二〇〇三年度の国債発行額は、補正後の三五兆円を上回る三六兆四四五〇億円になった。

二〇〇三年度、企業向け政策減税を柱とした一兆八〇〇〇億円の先行減税を実施する。減税分は、酒・たばこの増税や、配偶者特別控除の原則廃止による将来の増税で穴埋めする方針である。小泉首相が公約に掲げた「国債発行三〇兆円枠」は二〇〇二度までだが、その精神すらどこかへ行ってしまい経済運営の失政が明らかであるである。

税収、歳出総額、国債発行額について、一九九二年度と二〇〇二年度を比較すると、税収五五兆円と四四兆円、歳出七〇兆円と八一兆円、国債発行額一〇兆円と三三兆円。この一〇年間の悪化度は税収マイナス一一兆円、歳出プラス一一兆円、国債発行プラス二三兆円。つまり、一一兆円の収入減にもかかわらず、一一兆円支出を増加したので、二二兆円の穴埋めを二三兆円の国債発行で賄った。

一九九九、二〇〇〇年の税収は五〇兆円を下回っているにもかかわらず、歳出は九〇兆円だった。小渕さんが国の借金を最も多くした総理などと自らを揶揄《やゆ》していたが、小渕さんの人柄で国民はなんとなく許してきたが、大変な付けが残ったものである。

二〇〇一年一一月二〇日、政府は二〇〇二年度予算編成で一般会計総額を八一兆円台に抑えることを視野に、二年連続で前年度当初予算の規模を下回る方針を決めた。歳入では、来年度の税収は郵便貯金の大量満期に伴う利子課税収入が本年度より約二兆円減り、財務省の機械的な試算で四七兆六〇〇〇億円程度になる。一二月に決まる来年度税制改正での増・減税は不明だが、税収は景気悪化で法人税収を中心にさらに落ち込む余地を残している。

(『北陸中日新聞』二〇〇一年一一月二一日付)

これは、一昨年(二〇〇一年)の予算編成時のことであるが、一年経っても文面はほとんど変わらない。税収は郵貯の利子課税減などで四七兆六〇〇〇億と試算したが、編成時において四六兆八〇〇〇億円と見積もった。しかし税収の落ち込みはさらにひどく、四四兆円程度になりそうだというのが一年間のストーリーである。

さらに、二〇〇二年三月末で約二三九兆円にのぼる郵便貯金残高が、五年後の二〇〇六年度末には三一兆円減少する、との試算を郵政事業庁がまとめている。不況で家計が一段と厳しくなる中、過去の高金利時代に集めた貯金の大量払い戻しが続くとみられるためだ。また郵便貯金と簡易保険を合わせた約三五〇兆円の巨額資金は、財政投融資の資金源の一つとして国債市場などの安定に寄与してきた経緯があるだけに、今後の金融市場全体への影響が懸念される。

郵便貯金残高は二〇〇二年三月末、満期を迎えた定額貯金の大量払い戻しなどにより、一年前の二五〇兆円から二三九兆円に減少。さらに二〇〇二年度末に二三五兆円まで減少した後も減少傾向は続き、二〇〇六年度末には二〇八兆円まで落ち込む見通しだ。

不況による法人税収、所得税収減による税収総額の減収と、巨大金融の郵便貯金残高の減収による財投や国債市場への影響などによって大量の国債発行が困難になるなど、これまでなんとか水増し予算を編成してきた二つの要因が今後大変厳しい状況である。

こうした傾向に歯止めがかからないままに推移するならば、いずれ国家予算を編成することが不可能な事態が現実化するだろう。予算編成は国家の最重要事項であり、予算による配分権限を持っているから、中央省庁は強い立場を行使することができるのである。予算編成ができなくなれば、必然的に中央省庁は解体することになる。

小泉内閣の支持率は、共同通信社が二〇〇二年一二月一四、一五両日に実施した最新の世論調査結果で、五〇%となり、前回（一一月）の六五%から大幅に下がった。

一方、小泉内閣を支持すると答えた人のうち、理由として「経済政策に期待できる」と挙げた人は前回の四%から一・七%に激減した。つまり小泉内閣の経済政策を支持する国民は全体で一%に満たないが、五〇%は経済以外の理由でこの内閣を一応支持している。

このことにより、国民はすでに国政においては経済と外交・防衛とは別である、との意思表示をしていることが分かる。つまり、小泉内閣には経済はやってもらいたくないが、北朝鮮問題やブッシュ政権のイラク情勢などはしっかりやって欲しいとの国民の意志である。このことは、外交、防衛・安全保障は中央政府が担当し、経済その他は道州政府が担当するという役割分担を、すでに国民が認知しているということである。

これまで言ってきたように、国の外交・防衛は中央政府、経済・財政、公共事業その他は道州政府が行うとする、まさに中央集権国家から分権型道州制国家への実質的移行が現実に起こっている。ただし、現実の小泉政権は外交・防衛しか機能せず、経済その他を受け持つ道州政府が存在しないということが、今日、日本の悲劇を招いている。早急に分権型道州制国家に移行しなければならない。

環境対論　二一世紀を語る――2002.7.26

テーマ：環境を蘇らす酒蔵づくりと金沢青年会議所の環境への取り組み

ゲスト：中村太郎（中村酒造社長・金沢青年会議所理事長）

進行役：鶇　謙一

――五年前、金沢青年会議所、石川県、金沢市の環境担当者、環境市民グループ合同でドイツのフライブルグへ行きました。中村さんとはそれ以来ですが、まず、フライブルグの印象からお聞きします。

私の率直な感想は、特段変わったことは何もしていないという印象でした。ゴミの処理やエネルギー利用でもそうです。ただ一番基本となる住民の教育と、そして何がなんでもやるんだという意志が感じられました。基本はこれなんだろうなと思いました。

フライブルグは環境首都ということで、各国から視察に人が押し寄せ、環境ツアーで環境を売り物にした町づくりをしているんだな、という印象を受けました。ただ箱ものを作って、それを売り物にするのではなく、こういうのも素敵だなという印象を受けました。

――お隣フランスのストラスブールへも行かれましたが、こちらの印象はどうでしたか。

ストラスブールはＬＲＴ（Light Rail Transit　軽量低床電車）新交通システムを見に行ったのですが、基本的には町の中心部にはクルマが入れない。だから中心部に入るためには、電車を利用するしかない。ルールを決めて守らせる、ものを決めて守らせる仕組みがきちっとしているなと感じました。

それから、とても素敵な電車でした。イタリアの車のデザイナーのジウジアーロのデザインで、こんなのが金沢を走ったら素敵だろうなという印象でした。まさに未来を売り物にしたという感じで、やはりデザインの大切さとか、グリーンの流線型の新しい電車が古い街並みに合っているんですね。

――金沢青年会議所が、何年か前ＬＲＴを金沢に走らせる未来像を出しましたね。

あれは「リージョン２０２０」として一九九八年に出したんです。ちょっと背景を説明しますと、二〇二〇年の金沢はどうあるべきかということを出してみようということからです。一九九七年、金沢青年会議所が創立四五周年になりました。それまでは企業の中で生活価値観を求める政策提言が中心でしたが、これからはＮＰＯなどと一緒になって、自分らもＮＰＯとして変わっていかなくてはならないということで、一九九八年アメリカのポートランドへ行きました。そのミッションの報告書が「リージョン２０２０」です。

このポートランドは、都市成長境界線という開発と保存をきちっと決め、都市の発展する姿を描いて、住民合議で町づくりを進めていく。この視察をベースにして金沢での町づくりをしたらどうなるかということで、この考え方を入れたのが、「リージョン２０２０」です。

またそのとき出てきたのが、金沢市という母体だけで考えるのではなく、実際の生活者の動きというのが最も大事だという考えです。例えば、私も野々市に会社があり金沢から通っているのですが、金沢生活圏ということで近郊の二市四町、金沢市、松任市、野々市町、内灘町、津幡町、鶴来町、これを含めた形で広域的に捉えて町づくりを考えていかなくてはならないだろうということです。

これは、合併しなければならないという行政的なことではなくて、普通に生活していて生活しやすいという点から、広い範囲を踏まえて町づくりを推進していくということで、こういう考えで「リージョン２０２０」を出しました。広域的に町をゾーニングしたときに、それぞれをつなぐのがＬＲＴという新交通システムです。

――イメージとして、金沢の広域生活圏としての二市四町と、やはり核となる中心がしっかりしていないとだめですね。外に広がる力と同時に、内へ引きつける中心部の魅力という両方が必要だろうと思いますね。

まさにそのとおりで、生活のしやすさや買い物など外というのは意外とイメージできるのですが、郊外の一般的に国道沿いにある町並みは、看板やつくりなど全国どこでも同じです。おっしゃるとおり、一番大事なのは中心部にどういう個性と魅力をつけるかということです。

――ところが今中心部が生活するには大変な状況にありますね。長町の人たちがいかに暮らしやすい地域を作るかということで、目に見える交換媒体として、地域通貨「いいね」を使って相互に必要なサービスを提供し合う実践をしています。確か「1いいね」一円ですね。これを金沢青年会議所がサポートしているんですね。目的は中心部に活気をもたらすとか、お年寄りが生活しやすい町づくりをしようということですか。

お年寄りが云々ということでは無いんですが、地域通貨の根本的な考え方は、お金で買えなくなった心の部分を買えるということが一番大事だと思っています。要はサービスを地域通貨で評価して、それを物に変えるのではなくて、またサービスに変えていくという、心の部分の温かみをお金という形で表現している。

昔は、近所の人がお互いの助け合いの中でやっていて、もともとそんなものは要らなかったんですが、核家族化や最近は少子化の問題だとか、子どもが勉強で忙しくなってきたというようないろんなことを含めてできなくなっているものを復活できれば、と考えています。これまで隠れていたものを、地域通貨によって互いが必要とする技能やサービスを見えるようにするのが目的です。

――青年会議所というのは、外から見ていると二代目とか何代目とかの豊かな若手経営者たちの集まりで、何年かに一度提言を出して、それで終わりという印象があるのですが、そのへんを説明してくれませんか。

今年、青年会議所は五〇周年を迎えます。もともとの成り立ちというのは、一九五一年、戦後の復興期の中で、これから商売をしていく若い人たちが集まって、この街をよくして商売をよくしようということでできました。これは全国どこでも同じで、それぞれ仕事をしながら青年団的な動きをしていました。

ただ、金沢青年会議所は三〇周年のときに、「Heart and Science Police構想（学術文化都市）」という提言を、初めて金沢市にしました。三五周年に、そのアクションプランとして新金沢物語、四〇周年もしました。そういう流れがありました。

大きく変わったのが四五周年のときで、「Human Network City Kanazawa」を出しました。これからは提言だけでなく、実行に移すことが大事で、NPOなどとともに一緒にやっていこうということです。

——よく分かりました。これからはどんどん地域住民の中に入っていって、提言を実行に移すよう活動の環を広げてください。こうしたことがゴミ問題や身近な環境問題の解決に繋がっていくと思います。青年会議所理事長として、リージョン2020の実現を目指してこれからも活動を期待しています。

それでは次に、若き経営者として、「環境を蘇らす酒蔵づくり」というテーマに移りたいと思います。まず、酒造りというのはどういうものですか。

酒造りは、もともとは原始工業、農業発展型の工業、第一次、第二次産業のはしりだと思います。やはり食うや食わずの段階では、酒としての産業は出てこない。やはり、主食である米を、酒にまわせる余裕が出てきて初めて出てくると思います。もともと自然の中で、原始的に成り立っている産業だと思っています。

――酒は水と米と麹が原料ですが、どれも自然に依存していますね。先日酒蔵へお邪魔したとき、今飲んでいる酒は一〇〇年前の水のもので、一〇〇年後は酒が飲めるかどうか分からないとおっしゃいましたが、酒の水というのはどういうふうな経路でくるのですか。

地下水です。石川県には三つの系統があります。能登の方には高い山は無いんで、ほとんどが涌き水でやっています。金沢市内は非常に岩盤が固くて深いので本当の地下水脈です。加賀の方にいくと手取川水系の伏流水です。うちらも手取川の伏流水です。非常に水量が豊富で、水の成分がよいです。

余談になりますが、江戸時代に灘の酒がよいといわれたんですが、なんでよいかといいますと、昔は酒づくりは衛生管理や微生物管理は経験だけでやってきたんですが、腐って酒づくりが失敗することがあったんです。そこで灘の宮水というのは非常に硬度が高いんですが、硬度の高い水で仕込むと酵母の繁殖力が旺盛になって、雑菌が繁殖せずにもともとの優勢な酵母が活性化することによって、製造も安定していたんだろうと思います。ただし今の流れは、吟醸酒とか高級酒が中心で、醗酵を長期間低温で引っ張らなくてはいけないので、軟水が適しているので、石川県の水は軟水か弱軟水ですから今の時代に合っています。

流れている地下水は、一年間で一メートル浸透すると考えて、だいたい酒造りは一五〇メートル掘って一〇〇メートル前後から取水していますから、一〇〇年くらい前に地上に降った水だと考えてよいと思います。じつはその水というのは、一〇〇年前の環境ですからとてもきれいで、車も走っていなければ、白山麓の環境を汚す状況もなかったわけです。

今の状況でこのまま一〇〇年経ったときに、井戸水が枯れたりということがなくて、今の状態できちっと環境が保存されたとしても、今流れている雨や水や、それから生活廃水が地下に入っていって、多分正直なところ今のような水を使った酒造りの仕方はできないだろう、と考えています。


――これは、大変深刻な問題ですね。全て環境問題はわれわれの世代はよいだろうということでできているのですね。一〇〇年というと世代的には三世代、孫の世代くらいには旨い酒が飲めないとなると、われわれの豊かさは何かを犠牲にして成り立っている。あるいは気づかずに享受してきている。ですから、気づく仕組みが必要ですね。若い経営者として環境と経営のバランスについて話してください。


さっきも言いましたが、一〇〇年前に降った水で商売させていただいているんです。金沢に蔵があったときは、水をくみ上げるのはただなのですが、水を流すことによって下水料として金沢市にお金を払っていました。じつは野々市には下水が入っていないので、沢山のお水を使わせてもらっていますが、お金を払っていないのです。お酒に使う水より洗う水の量が多いんです。

そこで、できるだけきれいな水にして河川放流をしようと思い、六〇ｐｐｍ以下が基準値ですが、その一〇分の一以下の五ｐｐｍを目指して河川放流をしています。少なくともうちから流す水は、川を汚くするのではなく、きれいにするようにしています。

将来的には、川を掘ってそこに水を流し、草が生え、鳥がきて、いつのまにか魚がきて、その象徴的なものとしてホタルを育てていきたいなと言うことで、ホタルを勉強していま す。

――酒造りと環境がいかに大事かという視点で、貴重なお話を伺いました。これから質疑に移りたいと思います。

会場からの質問●二〇年、三〇年後において、さまざまな問題があることが分かりましたが、温暖化と酒造米について伺いたいと思います。

温暖化してくると、最近台風が非常に多いですね。山田錦という米は一一月頃まで田んぼにあって、しかも背丈が長いので、間違いなく台風の影響を受けます。商品価値が落ちますので、毎年台風にあうかどうか心配しています。

会場からの質問●酒造りにおいて廃棄物を処理してゼロエミッションをする場合、その循環をどうするかという問題があります。廃棄物のサイクルについて、中村酒造さんではどうお考えですか。

廃棄物の利用については、大きくは二つです。濾過をかけるとき酒粕が出ます。酒粕は一時余ったのですが、今は需要がありますので、製造過程での廃棄物はあまりありません。流通過程では、容器の問題があります。地元のメーカーはあまりパックは出していませんが、大手のメーカーは荷積みがいいとか、重量の面でパックを出しています。ビンの場合は一〇〇%リユースされています。最近ビンの割合が減っているのが問題です。

――今日は酒造り、酒文化から身近な環境、地球環境問題まで多岐にわたる話をしていただきました。大変ありがとうございました。

第4章

ガイア・生きている地球

われわれが、地球温暖化やオゾン層破壊などの地球環境問題を解決していくためには、技術や制度ばかりではなく、地球に対する新たな「思い」を持たなくてはならない。「ガイア理論＝生きている地球」は、地球に対する人間のあり方であり、新しい地球環境倫理といえる。環境倫理の立場から、ガイア理論を考察する。

環境倫理

倫理は「人間のあり方」であるが、人間社会に生まれ、育っていく内に自然と身につく身近なものである。それだけに、あたかも水や空気のように、十分にある限りは取りたてて問題にする必要はない。

倫理への関心が高まり、倫理が求められるのは、反倫理的なものが蔓延し、社会が荒廃の危機に瀕している時代である。他人の迷惑を省みない若者、法の悪用や虚偽の報告を黙認する大企業、自らの過ちを認めようとしない官僚、政治倫理規正法で縛られる政治家、不安や苦悩、奢侈や贅沢が社会に満ち溢れ、まさに「倫理の欠如」の時代である。

倫理は自由に対する責任だから、自由を奪われた監獄の中では、規律はあるが倫理は求められない。

北朝鮮のような独裁国家においては、国家への忠誠や規律は厳しく求められるが、自由の代償としての倫理が求められる余地は少ない。

これまで、倫理とか道徳と聞くと窮屈に考えがちだが、倫理とは自由であって、倫理が行き渡っているところ人間も広々として過ごすことができる。

確かに倫理は「あることをせよ」といった指示であったり、「それはするな」といった服従規定として表される。これは一見自由を制限しているようだが、法による強制ではなく自律的に行うことによって社会全体の自由を保障することを目的としている。

例えば、「二〇〇五年までにゴミ排出量を二〇%削減せよ」という倫理は、これを達成することにより、市民生活の快適さが増大する。「中心市街地の車乗り入れ禁止」は自由を制限しているようだが、市街地活性化やCO_2削減に寄与している。

しかし、地球環境問題のテーマとなっているこうした削減数値目標は、自律的な倫理では達成できないので、罰則を伴った法律に頼ることになる。

自由が飛躍的に拡大した今日においては、倫理の対象も拡大される。われわれはジェット旅客機で自由に世界を回ることができる。お金さえ出せば自由に世界の食べ物や飲み物を手に入れることができる。どこに住もうが、どんな職業に就こうが自由である。科学技術の発達がもたらした自由は、われわれの生活レベルを格段に向上させた。

このように、人間の自由が地球規模に拡大したことが、地球温暖化やオゾン層の破壊を引き起こしている。地球環境問題は原因者の特定が困難で、将来世代に対する公正のために新たな倫理が求められる。

従来の倫理は人間社会を対象にして、構成員が相互に義務を負うという合意の下でなされてきたが、地球環境問題においてはこうした合意形成がむずかしい。

そこで、地球環境問題について、従来の倫理が前提としている双務性を緩く解釈しようという考えが出てくる。

倫理は自由であって強制ではないので、一方だけが責任を負うことは不公平である。したがって相手との合意による双務負担が原則である。しかし、この倫理の双務性をあまり厳格に要求すると今日の地球環境問題に適用できなくなる。

地球環境問題は、空間的な広がりとともに五〇年、一〇〇年、あるいは一万年にわたるほど時間の幅が大きく、世代間を越えた問題である。「まだこの世に生まれていない世代に対して現在世代が一方的に責任を負うのは不公平ではないか。また、自然が破壊されたからといって、そこに住む動物・植物・自然物に対して片務的に責任を負うのは理屈に合わない」などと主張すると、倫理は地球環境問題には有効に機能しないことになる。

従来の倫理は、人間社会における人間に対する責任であったが、環境倫理は責任の対象を「動物・植物・自然物、さらには地球そのものまたは未来世代」に拡大するものである。

「自然破壊や地球温暖化問題は、科学技術や環境政策、経済・法律などの社会システムの改革によって解決することができる。したがって環境倫理は要らない」という立場がある。

しかし、CO_2を削減するために、ハイブリッド車や低公害車を開発するのは技術の力だが、価格が高いにもかかわらず購入するのはなぜか。二〇年経っても採算の取れないソーラー発電装置を設置するのはなぜか。漂着したクジラを沖に戻すために何百万円もの公費の支出に住民が反対しないのはなぜか。「絶滅の危機にある種」にリストされた希少な魚が生息していたとして完成目前のダムを中止させるのはなぜか。

これらは、単に豊かな社会の経済的余裕からくるものではなく、明らかに「人間のあり方」が変わったのである。人間は自分たちの都合だけを考えて行動するよりも、動物・植物・自然物、そして地球のことを考えて行動する方により多くの共感を得るようになった。

今日、われわれ人類は進化の最先端にいるが、さらに進化を遂げるとするならば、利己的な種から他己的な種への脱皮であろう。全ての生き物は自分の生しか考えていないが、もちろん人間も例外ではないが、人間が精神の進化を遂げるならば、自己以外の動物・植物・自然物・地球と共感し、自己の生をこれらのものに譲ることができる最初の生き物になるかもしれない。

進化とは一斉に起こるのではなく、幾世代もかけて特殊が普遍になる変化である。その意味において、こうした萌芽はＮＰＯ・ＮＧＯの活動、人間と他の存在を同一視するディープエコロジーなど、世界のあちこちに表れている。

それよりも、二〇〇〇年も続く水田稲作や入会地の雑木エネルギーを持続的に利用してきた日本人の生き方そのものが、動物・植物・自然物、そして地球とうまく折り合ってきた。それが壊れたのはごく最近のことであって、われわれは今、本来の姿に回帰しているのである。

われわれの感性は、自然と共生しているときに心地よく響き合うが、そうでないときは居心地が悪い。環境倫理とは、「動物・植物・自然物・地球と共感すること」と言ってもよい。

二〇世紀始め、先端的自然観を持つスペインの哲学者オルテガ・イ・ガセットは、その著作『ドン・キホーテをめぐる思索』（一九一四年）の中で、「私は、私と私の環境である。もしこの環境を救わないなら、私をも救えない」[(5)]と述べている。これは、人間中心主義から脱し、人間と自然の良好な関係の重要性を宣言したものである。

また、アメリカ生態学協会の会長を務めたアルド・レオポルドは、彼の死後出された先駆的論文『土地倫理（Land Ethics）』（一九四九年）において、次のように述べている。

「人間を取り巻く環境のうち、個人、社会に次いで第三の要素である土地にまで倫理則の範囲を拡張することは、ぼくが事実の読み違いをしているのでない限り、進化の道筋として起こり得ることであり、生態学的に見て必然的なことである。これは筋道からいって当然通過すべき第三段階なのだ。最初の二つの段階はすでに通過ずみである」(6)。

半世紀以上前、レオポルドは、人間の倫理の対象は人間社会を越え、土地（環境）にまで拡大すると指摘している。

アダム・スミスは有名な『国富論』（一七七六年）を出版する二〇年ほど前、グラスゴー大学の道徳哲学の教授だった頃、その主著『道徳情操論』（一七五九年）の書き出しにおいて、

「人間というものは、これをどんなに利己的なものと考えてみても、なおその性質の中には、他人の運命に気を配って、他人の幸福を見るのが気持ちがいい…それらの人たちの幸福が、自分自身にとってなくてはならないもののように感じさせるなんらかの原理が存在することは明らかである」(7)

と記している。すなわち、人間はわがままで、自分のことしか考えない、どうしようもなく利己的な存在だが、「共感（Sympathy）」や「同憂」が人間と人間を結びつける関係性の原理として社会に機能している。

二〇〇二年、われわれ国民が北朝鮮拉致被害者の家族の人たちに対して抱いた感情は、まさに純粋な共感や同憂である。人間は一人では生きていけない、社会における他者との関係においてしか存在し得ない。もしアダム・スミスが今日の地球環境問題に接するならば、「二一世紀の〝ガイア思想〟は、一八世紀の〝共感〟が果たした人間と人間をつなぐ社

会的役割と同様に、人間と地球をつなぐ役割を果たすだろう」と述べるかもしれない。アダム・スミスのいう「他人の運命」、「他人の幸福」を「自然の運命」、「自然の幸福」に置き換えると「人間の権利・人権」に対する「自然の権利」概念が生じる。

一九七一年、サンフランシスコに本部を置く環境保護団体シエラ・クラブは、ウォルトディズニー社が提出したセコイア国立公園内のミネラルキング渓谷の開発計画を認可した内務長官モートンに対し、認可取り消し、事業差し止め訴訟を提起した。一九七二年連邦最高裁は四対三の僅差でシエラ・クラブの上告を棄却したが、その理由は「原告には実質上損害が生じていないから、原告としての資格がない」。つまり、原告適格がないというものだった。しかし、ウィリアム・ダグラス判事は次のような付帯意見を述べた。

「もし、われわれが道路やブルドーザーによって略奪され、損傷されつつある無生物の名前で、連邦機関や連邦裁判所に出訴できるように連邦規則を作っていれば、原告適格という厄介な問題は簡素化され、手際よく議論されたであろう。自然の生態的均衡を保護することに対する大衆の関心は、環境客体（動物・植物・自然物）に自己の保存のための裁判を提起する方向に進むべきである。そこで、この裁判は（シエラ・クラブではなく）ミネラルキング渓谷対モートンと名づけられるのがより適当であろう」(8)

実際に損害を受けるのはミネラルキング渓谷だから、「ミネラルキング渓谷自身が原告となって、〝自然の権利〟を主張することができる」とする画期的な判断だった。

これは、南カリフォルニア大学のクリストファー・ストーン教授が、この裁判の直前に書いた『木は法廷に立てるか（Should trees have standing?）』の論文の中にある「将来、人間の意識の進化によって、自然または自然物が権利主体として認められるだろう」との考えを受けたものである。

アメリカでは、新しいエコロジー運動の高まりから、一九七三年「絶滅の危機にある種の法（Endangered Species Act of 1973）」が成立し、ダグラス判事の意見が立法化された。

ガイアの原則

人間のすぐれた頭脳をもってしても地球や宇宙といった複雑な現象をそのまま理解することはむずかしい。そこで近代人は、物事を単純な原理に還元して理解する方法論を確立した。全体は部分の要素から成るとする還元論**である。

自然科学は対象となる全体を分析可能な部分に細分化することによって、実証性を高めてきた。宇宙は一五〇億年前のビッグバンによって誕生し、地球は四六億年前、生命は三九億年前、恐竜が栄えた中生代の後、六五〇〇万年前巨大隕石が衝突して、地球システムが大きく変動し、それまでは暗い穴倉を棲家としていた哺乳類が地上に現れた。

われわれは、大まかな地球史の流れとその転換点の出来事、それらを創り出した要素の一部を取り出して研究することによって、全体を理解したことにしている。

しかし、部分をいくら取り出して分析しても、全体を貫く原理が分からないとシステムは理解されない。木材と鉄の組み合わせからは家が作られることもあるが、船が作られることもある。いくら素材の分析をしても、全体像を把握しなくては真実を語ることはできない。

宇宙や地球といった複雑なシステムにおいては、還元論的アプローチと全体の「統合・安定・美」を鳥瞰するホリスティックなアプローチの両方が必要である。

「原始地球大気から雷放電などにより簡単な有機化合物や生体高分子化合物の原料となるアミノ酸などを生成することができる。こうしてできた生命の基本物質は、海水溶液の中で熱や触媒的に作用する金属イオンの影響によって反応が進行し、核酸や蛋白質類似の高分子化合物が生成されたものと思われる。これらは水に溶けがたいため、互いに凝集して分子集合体を作る。集合体の中には少しずつ大きくなるものもあり、その中から代謝を行い、成長、分裂して自己と同じ複製を作る機能を持った原始生命が誕生したものと思われる」

（『新・地球環境論』要約、和田武、創元社）

確かに生命は、こうしたプロセスを経て誕生したのだろうが、それは時間の蓄積による突然変異的な出来事だっただろう。

それでは、なぜ地球だけに生命が誕生し、金星や火星には生命はいないのか。地球・惑星物理学者の松井孝典氏の説を要約する。

「金星と地球はその大きさも質量も非常に似ていて、成長過程においては一〇〇気圧を超す原始水蒸気を持っていた。そして微惑星の衝突が終息に向かい地表温度が低下する過程において、地球では雨となった水蒸気が金星では雨とはならず熱い大気のままに止まったと考えられる。現在でも金星は九八%がCO_2の灼熱の大気に被われている。火星のサイズは地球の半分ほどしかなく太陽からの距離も遠い。したがって、微惑星の衝突エネルギーも小さく、密度の濃い水蒸気が作られることはなかった。火星大気も九五%がCO_2だが冷凍庫の中である。このように見てくると、地球は太陽からの距離、惑星のサイズ、エネルギー集積度などの条件が全て満たされて、水の惑星になった。まさに、地球は奇跡の惑星といえる」

（『地球46億年の孤独』松井孝典、徳間書店）

地球は生命誕生後三九億年間、海は一〇〇℃以上に沸騰したことがなく、地球全体が氷河に覆われたこともほとんどない、といってよい。三十数億年の間、太陽から放出されるエネルギーは二五%ほど増えたが、地球の気候は一定幅に収まっていたと推測される。こうしたことが地球に生命の存在を可能にした。

このことについて、「地球は生きている」とする「ガイア理論」の創設者ジェームズ・ラブロックが、二〇〇〇年、龍村仁監督の映画『ガイアシンフォニー（地球交響曲第４番）』に寄せたメッセージを紹介しよう。

私が一九七〇年代に発表した「地球は一つの生命体として機能し、進化してきた」という〝ガイア仮説〟に、「ガイア」と名づけたのは、作家のウリアム・ゴールディングです。彼と私は、以前隣人として親交を結んでいました。六〇年代も終りのある日、一緒に散歩しながら当時温めていた私の考えを話したところ、ゴールディングが「そんな大掛かりな理論を構築するのだったら、しかるべき名前をつけたほうがいい。『ガイア』

と名づけたらどうかね」と言ってくれたのです。ゴールディングは後にノーベル賞作家となりましたから、高名な作家に名づけ親になってもらったことは、とても幸運でした。「ガイア」とは古代ギリシャ神話に出てくる大地の女神のことです。この言葉の中には、「地理学」「地質学」といった意味も含まれます。

私は「ガイア」という表現を、〃地球のシステムを表すもの〃として使いたいと思っています。後に「仮説」から「理論」へと発展したこのガイア説は、生物種が自然選択によって進化するという、ダーウィンの進化論を踏まえた新しい展開です。つまり地球には、常に自らを生物が住めるような快適な状態にする維持力が備わっている、と考えます。生命組織とそれを取り巻く物理的環境――大気、海洋、岩石など――が共同で進化しながら、ガイアは成立しています。今日、地球をこうした観点からとらえている科学者は多数います。もっとも彼らは「ガイア」ではなく「地球系科学」と呼んでいます。

私は一人の科学者として、いくつかの重要な意味で「地球には生命がある」ととらえたいと思います。そう考えるためには、まずは、この「生命」を科学がどう定義しているかという説明をしなければなりません。

今日科学分野の多くは全体的な視点を欠いており、全体は部分的な論理の寄せ集めに分割されています。その論理は還元主義に基づく、一般の人には分かりづらい専門用語で書かれています。…「生命」とは何なのか。「生命」という言葉は誰もが知っていますが、説明できる人はほとんどいません。

地球物理学者ならば、「生命組織とは、物質やエネルギーに対して開放された境界をもつ系であり、内部媒質の内容を一定に保ち、環境の変化を経験しながらも、自らの物理的状態を損なわずに維持できる。すなわちホメオスタシス（恒常性）を保てる」と定義するはずです。

地球がホメオスタシスをもつ系とみなすのは理に適っています。地球と宇宙空間が境を接する大気圏では、太陽から日光が入りこみ、地表から熱が放出されるというやり取りが行われています。また地球内部では、大量の熱い溶岩が存在する部分と地殻とが境界としてありますが、この無定形の高熱の溶岩が地殻を支え、溶岩を通じて地殻は物質交換を行っています。太陽から放散される熱の出力は、この三八億年間で二五％も増えたというのに、地球の天候は相変わらず生命が存在するための快適な状態を保っていますし、大気中の酸素量も、何億年もの間一定値を保っています。

「ガイアは生命ではない」と考えることもできるでしょうが、それでもなお、ガイアは何かしら特別な存在に違いありません。ほかの生命組織と同様に、それ自体に調節能力が備わっています。ガイアは、火星や金星などの死んだ惑星とはかなり違った惑星です。もしもこの地球に生命体が存在しなかったら、火星や金星のような灼熱の乾いた砂漠で覆われていたでしょう。生命体が存在するからこそ、現在のようなガイアになったのです。

ただし、ガイアを「生命ある惑星」と考えるといっても、アニミズム（自然界のあらゆる事物には霊魂が宿るとする信仰）的な意味ではありません。つまり「地球にも感情がある」とか「岩石が自分の意志で動く」と言っているのではないのです。私は天候の調節をはじめ、ガイアがしていること全て、意思を働かせているのではなく自動的に起こっていると考えていますし、その現象は全て、科学の境界の内側にあると思っているのです。

私たち人類もガイアの一部であり、ガイアと適切な形で共生していく方策を練るための時間は、相対的にわずかしか残されていないことを理解する必要があります。生命ある地球（ガイア）は、尊敬すべき存在、崇拝するにふさわしい存在です。ガイアというシステムは科学をベースにしていますが、同時に私たち人類もその一部を担っています。ガイアは生身の実体を持っている点で、ほかの信仰対象とは異なります。つまり、われわれが環境にダメージを与えるならば、現実に人を罰して、人がガイアと適切に共生できない状況を作り出すのです。われわれ人類は、このことをよく理解しておかなければならないでしょう。(9)

「ガイア理論」の科学的側面は、ジェームズ・ラブロックの言葉でほぼ語り尽くされているが、このホリスティックな地球観が人間社会にとってどのような意味があるのかを考えてみよう。

「なぜ地球ではなくて、ガイアなのか」

(1)　これまでわれわれは、「地球は岩石の塊であり、われわれ生物とは違うものだと考えてきた。そして動物・植物は大気・水・土壌など物理的地球に適応し、従属しているものとしてきた。しかし、大気・水・土壌などの物理的地球を構成する物質と動物・植物・微生物は相互に物質やエネルギーのやり取りを通してともに一定の状態を保とうとしている。

この作用は、大気の構成（窒素七八％、酸素二一％、残りの一％に二酸化炭素、メタン、アンモニアなど生物が出す微量ガスが含まれる）がほとんど変わらないことから、それ自身が一つの超生命体のように機能している。したがって、地球は岩石の塊の上に生命を乗せているのではなく、動物・植物・自然物とともに自らも生きている、と考えるのが適切である。

(2) ガイアはそれ自身、自己調節をする超生命体だから、人間の影響を少なくし変化の速度を遅くすれば、ホメオスタシス(恒常性)が働いてもとの状態に戻る。したがってCO_2排出量を五〇%削減し、原生林の伐採禁止と大規模な植林を行えば、ガイアは自らの生命力で緑の地球を取り戻す。日本の里山の木は二〇～三〇年で伐採すると、残った株から萌芽し自然更新する。

(3) 宇宙からこの惑星を見るという経験を持った最初の世代のわれわれは、精神の進化を経て「地球は生きている」というイメージを実体と融合させることができる。ガイアの観念は、小さな自我の殻を破り、利己的な精神から自他共存的精神に進化することを助ける。人間中心的な考え方を改め、同じ生命体に対して破壊ができなくなる。

(4) ガイアは神ではないが、神がいなくなったわれわれにとって〝生き方・行動の基準〟である。「人間は人間で勝手にやればいい。人間は神になったつもりだろうが、神ではない」とガイアが言っているようだ。今のままでは、ガイアによってこっぴどい仕打ちを受けることになる。環境破壊が進行しても宇宙的時間で見るならば、ガイアにとっては大きな問題ではない。人間が快適に過ごす環境が侵されるということである。

(5) ガイアにとって、死とは恒常性がなくなり、ついには超新星爆発を起こすことだが、まだ一〇〇億年の時間がある。人類にとって死とは、地球平均気温が一〇〇年間で五℃も上昇し、地球システムに大変動が生じることである。

(6) 地球環境問題というこれまでとは規模も複雑さも格段に異なる問題に対処するために

は、新しい地球観の確立が必要であり、世界共通の価値観として〝ガイア〟が最も相応しい。

こうした人間と地球のあり方は、日本古来からの思想である「自然の摂理」に共通したものである。つまり、日本的に言いかえれば「ガイアとは自然の摂理」である。日本人は縄文以来、一万年間自然の変化に調和してきたが、「自然の摂理」はまさに「ガイア」のシステムに従った生き方である。

従来の地球観は、「地球は無機的な岩石の塊であって、その上に生物を乗せて宇宙を回る惑星」であったが、ガイアでは「動物、植物、微生物、人間が大気、水、土壌などの無機物との間で物質やエネルギーのやり取りを通して、常に最適な状態を作り出すように相互調節をしている」。

地球システムは、地球内部のマグマ圏、地球表層の海洋圏、陸圏、生物圏、大気圏がそれぞれ複雑に関連しているが、産業革命以降、とくに二〇世紀後半において人間文明圏が新たに生まれたと考えるべきである。

なぜガイアなのかというと、「地球環境問題とは人間文明圏による地球システムへの侵略」だからである。したがって、人間社会の技術や制度だけではなく、人間文明圏が他の圏にどのような影響を与え、全体としての地球システムがどうなるかといった視点で捉えなくてはならない。

もちろん、地球システムがメインであり、人間文明圏はサブシステムだから、地球環境問題の解決は人間文明圏の修正でしかあり得ない。

人間文明圏は二〇世紀後半に形成されたと考えられ、大気の構成を変えるほどのCO_2

やフロンの増加、自然界では分解しない物質濃度の上昇が見られる。

人間文明圏を構成しているファクターは、①豊かさ・便利さを求める人間の精神、②科学・技術による物質世界、③資本主義的市場経済、④人口と一人当たりのエネルギー消費量などである。

人間文明圏を修正する課題として、以下のようなものが考えられている。

① 豊かさに限りがあることを知る生活。先進国に住む一二億（約二〇％）の人たちが、「もったいない」、「足るを知る」、「節約は美徳」、「シンプルライフ」を人生の価値観の中心に置く。交通節約型都市・自動車乗り入れ制限、バス・電車の低価格運賃、ＬＲＴ(Light Rail Transit・低床軽量電車)、自転車道路の整備。グリーンコンシューマー：環境適応商品・長寿命商品の購入。企業の環境対応：ＩＳＯ１４００１認証取得企業・自治体、産業連関によるゼロエミッション（廃棄物ゼロ）。

② 技術によって地球環境への影響を一〇分の一（ファクター10）、二〇分の一（ファクター20）に下げるための方法。技術・デザイン革命を起こし、エネルギー使用量、物質容量を二分の一（五〇％削減）、五分の一（九〇％削減）にする。液晶ＴＶ、ハイブリッド車、燃料電池車、分散型家庭用燃料電池発電、風力発電、太陽光発電、バイオマスエネルギー、などの開発。

③ 資本主義市場経済から生活を重視する環境主義経済の構築。

④ 地球資源の公平な配分と南北較差の是正のために、国別人口と一人当たりのエネルギー消費量の積を出す。一人当たりのエネルギー消費量が多い日本・ＥＵ・ロシアなどは、人口が定常状態かやや減少。エネルギー消費が少ない発展途上国の人口は増加。アメリカ

はエネルギー消費が大きく人口も増加。

ガイアの応用

ガイアの原則として、①「循環」、②「自己調節」、③「一即全」、④「競創」を挙げることができるが、われわれの生活とこうした原則との関係を考えてみたい。

(1) 文明について

人類が地球上に登場して以来四〇〇万年、その大半はガイアのシステムに調和したものだった。一万年前農耕を発明し、自然を改変させる力を得たが、ガイアのホメオスタシスを乱すものではなかった。一五世紀西欧で起こったルネサンスとその後の市民革命は、神の支配から人間を解放し、物の所有という欲望を可能にした。一八世紀の産業革命と資本主義は大量生産、大量消費の物質文明へと世界を向かわせ、都市を中心とする未曾有の消費文明に成長した。

近代文明は資源・エネルギーを地殻から掘り出し、製品やサービスを提供する市場経済によってグローバル化した。しかし、循環システムを欠いた一方通行型経済により、われわれは資源枯渇と地球容量の限界に直面している。

この五〇年間に、CO_2排出量は三・三倍増加し、短期間に地球平均気温が約〇・五℃も上昇した。熱帯雨林の破壊は猛烈な勢いで進行し、この五〇年間で約半分が消滅した。世界で一〇〇〇万とも二〇〇〇万ともいわれる生物種の多くが生息する熱帯雨林の消滅で、毎日約一〇〇～二〇〇の種が絶滅していると推定される。地球に与えるこの猛烈な環境負荷は、主として先進国に住む約二〇％の人たちが、八〇％の資源・エネルギーを消費していることに起因している。

こうした数字は、今日私たちが物質文明の最終階段に立っていて、これを登り続けるならばステップを踏み外す危険があることを示している。地球の現状に対し、危険を予知し、回避しようとする負のフィードバックを働かせなくてはならない。

われわれは、「地球を外から眺めた最初の世代」として、「人間は地球の征服者ではなく、地球共同体の一員である」という当たり前の事実に気づき始めている。精神の進化は「水と緑を湛え、生命の星である地球」を科学的、哲学的に観想するようになった。「ガイア思想」とはこうした精神の進化である。

ガイアが社会に応用されると、社会システムや人間の生き方、あるいは価値観が根本的に変化する。環境倫理において、新しい人間―地球関係が生まれ、人間の地球に対する責任が確立される。

また「生命とはある一定の状態を保つもの」と定義するならば、それは無限ではなく、有限である。ガイアの容量も、生み出す物質も限りある資源であるがゆえに、企業内または産業間のゼロエミッション構想が生まれる。

生命は、ある閾値《いきち》を越えなければ常にもとの状態に修復するので、地球温暖化やオゾン層破壊も適切な政策を取れば必ず修復する。したがって、閾値の前に予防的対策、回避措置を取ることである。

ガイアもわれわれも、同じ生命体ならば共感し、人間はこれまでのような自然破壊をしなくなる。ガイアは、そこに生きる動物、植物、自然物、人間など個々の集合以上の統合された「超生命体」である。同様にそれぞれの個は、単なる部分ではなく、相互に関連し全体を統合する自立した存在である。

(2) 知と教育について

知価社会といわれる現代を生きることは、精神と肉体のバランスの上に立って〝知〟を開発することである。そして「知」は生まれながらに獲得されるものではなく、教育によって開発されなくては発達しない。

脳細胞が、集積回路のハードだとすると、「知」はこの回路を巡るソフト情報であり、情報の質と量は「教育」によって決定される。

確かに人間は考える動物だが、「知」を高めるためには、相当期間、あるいは終生「教育」という努力を傾注しなければならない。

しかし、精神と肉体のバランスを失していては、いくら教育しても脳細胞の回路は発達しない。じっと机に座ることのできない多動性の子どもや、集中力を持続できない子どもなどは、「知」以前の肉体と精神の問題である。

「知を働かせ善く生きる」ためには、理性—感性のバランスが必要である。これは、入力—出力、陰—陽、男—女、動物—植物、CO^2—O_2など相反する作用によって万物が循環するガイアの法則である。人間も、ガイアの法則に従って、精神と肉体のバランスによって恒常性（ホメオスタシス）が保たれている。

しかし近代の扉を開けたデカルトは、心身二元論***によって理性中心の人間観を打ち立てた。こうした全体論****的視点を欠いた理性中心主義は、人間の頭脳に科学思考を植えつけることに成功したが、感性という人間のもう一つの財産を神秘のベールに隠してきた。

ガイア理論は、この感性に光を当て、人間の新たな可能性を開拓しようとするものである。

ところで、「教育」という言葉は古く中国から伝わったものだが、近代までほとんど使われた様子がない。江戸時代の藩校や寺子屋での学習は「教育」とは呼ばれなかったようだ。一般的に使われ始めたのは明治一〇年（一八七七年）頃だが、明治五年の学制に始まり、政府の富国強兵・殖産興業という国家目標が明らかになったとき、「教育」という言葉が使われ出した。したがって、教育は国家の目標・ビジョンに沿って行われてきた。

明治以来、教育は点数主義、学歴主義、偏差値主義と呼び名を変えながらも、一貫して西欧に追いつくための知識の詰め込みを第一としてきた。

ところで文部科学省は、新学習指導要領において、二一世紀の新たな学校教育の指針として「ゆとりの教育」、「生きる力」を中心に据え、この指針に沿って、二〇〇二年四月から学校週完全五日制や「総合学習」が導入されている。

教育には、理性と感性の総合が求められる。「生きる力」を教育の根本に据えるということは、理性と感性のバランスを回復するという意味であるならば、新学習指導要領によって導入された「総合学習」は、ガイア教育の体験現場となる。つまり、「生きる力」とは理性に対する「感性の働き」であり、理性と感性を働かせて総合力を養う教育ということができる。

こうした学校教育の変革に対し、親は授業時間の減少による学力の低下を心配し、私の聞いた限りだが、もっと学校に居たいという子どもの方が多かった。そして現場の先生も、今回の改定を歓迎している意見はあまり聞かれない。そもそも学習指導要領とはどのようなもので、教育現場がこぞって歓迎しない改革がなぜ行われたのか。

成長期の子どもたちに、学力より以前に人間存在の根本である「生きる力」の大切さを教えることは大変重要であるが、これを学習指導要領の指針に置くということは意味が違う。

学習指導要領とは、国家ビジョンに沿ったものであり、「生きる力やゆとり」が国家ビジョンだとするならば、あまりに低次元である。

また、「生きる力やゆとりの教育」を指針に置いたとしても、官僚が机上で書いた論文ではなくて、教育現場はもちろん、さまざまな世代や立場を異にする国民の意見を聞き、結論に収束させて行くべきである。

つまり、トップの官僚が策定した指針を現場に下ろすのではなく、ピラミッドを逆にして、現場の意見を収束させる手法でなくては、広がらない。

教育は未来世代に「生きることの意味」を具体的に示すものである。そのためには、自己と他者、個と集団といった違いの中で、自分のニッチ（場所）、役割、責任が体験的に身につくようなプログラムが必要である。創造性を引き出すための個と個、個と集団との自由な〝競創〟を通して「生きる力」、しかもただ生きるだけではなく「人間としてどう生きるか」、「善く生きるとは何か」が教育現場で実践されることである。

教育の目的は、個性豊かな人間を創造することにあるが、そのためには自分で考え、発見する喜びに気づかせる工夫がいる。時には、教える先生と覚える生徒という立場を越えて、先生も生徒も教育を通してともに成長する関係が求められる。

学校は、一方的に教える教育から、個性や能力を引き出す教育へ変革されなくてはならない。英語の〝education〟という言葉は、語源的には「引き出す」という意味だが、こちらのほうがより今日的で受け止めやすい。

いずれにしても、教育の本来的意義は、単に点数によって理解到達度を測るのではなく、子どもの関心を呼び覚まし、知的能力を引き出すことにある。そして教育の理念は、「愛」と「善の心」を育むことである。

あらゆる生命は「生きる」ために生まれ、ガイアは万物に「生きる喜び」を与える。したがって、人間にとって「生きること」は、学校で教えられる以前の事実であり、本来、国家の教育指針に取り上げられるテーマではない。

しかし、日本において「ゆとりの教育」、「生きる力」といった教育以前の社会的前提が学校教育の指針に掲げられたのである。教育勅語以来、教育指針は国策に沿ったものである。したがって、「生きる力」が教育指針に掲げられたということは、子どもたちの「生きる力」の低下が、国家の将来を危うくし兼ねない問題であることを意味する。

「生きる力」とは、集団より個を重視する概念だから、文部科学省は今回の改定の目的として、組織より個人を重視する社会の構築を明確にするならば、もっと多くの支持を得ることができるはずである。

急速に進むグローバリゼーションと地球環境の悪化は、固有の文化や伝統、地域社会、家族そして個人などの社会的諸関係を危機に陥れている。こうした現実に対し、新たな価値を創造していくためには、世界を今までとは違った視点で把握する必要がある。そして新たな人間の存在様式が求められる。

中期的展望に立つとき、教育によって現代文明の手詰まり状態を突破し、持続可能な社会を作り出していく。そのためには教育のパラダイムを転換し、「人間と地球の善なる関係」を根本原則に据えた「ガイア教育」が重要である。「ガイア教育とは、分割された知識の寄せ集めではなく、人間相互の関係及び人間と地球の善なる関係を基本に置く教育である」。

とくにわが国のような少子社会において、未来は教育に託されている。

(3) 少子高齢化社会について

世界的に見れば人口増加が大きな問題だが、先進国において少子化が一般的傾向である。とくにわが国において急激な少子化は、社会の継続性を損ね兼ねない問題である。

少子化には社会的、経済的問題があるが、根底には子どもを産み、育てることの喜びや楽しさが感じられない女性が増えているのではないだろうか。

これは小・中・高校の教育カリキュラムにそうしたものが含まれていないことが大きな問題であろう。前述した「総合学習」などにおいて、人類の種としての本能的なテーマを取り上げる必要がある。ガイアにおいて、生まれる、生きることは種の存続の最も基本である。ここでは、こうした教育の問題にはこれ以上言及せず、もっぱら社会、経済的観点から考える。

世界は、豊かさと貧困という大きな不平等を抱えている。このことを一人当たりのエネルギー消費量で比べてみると、石油換算で、最も貧しい国では年一〇〇kg以下であるのに対し、アメリカは七五〇〇kg、日本は三三〇〇kgという数字がある。日本人はアメリカ人の半分のエネルギー消費量だが、インドやバングラデシュの人々より三〇倍も使っている。

一般に生活水準が向上すると、人口増加率が低くなる。これは経験則として把握されることであり、理論的根拠が示されているわけではないし、必ずしも社会問題ではない。したがって、少子高齢化が進んでいるEUなどでは、それほど大きな社会問題とはなっていない。

しかしわが国では、喫緊の大きな問題となる。それは先進各国と比較して高齢化への著しい速さである。老年人口（六五歳以上）割合が七％から一四％になるまでにかかる期間を高齢化速度というが、日本は一九七〇年から九四年の二四年間で到達した。最も短いドイツで四〇年、イギリスは四七年、スウェーデンは八五年、フランスでは一〇〇年以上、アメリカは二〇一四年に到達する予定である。

こうした急激な高齢化と少子化が、同時に始まっていることが問題である。わが国において、一人の女性が生涯に生む子どもの数は一・三三人となり、日本の人口は二〇〇六年から減少に転ずると予測されている。

女性がなぜ子どもを産まないかということは、さまざまな社会的要因があり一面的に原因を取り出すことはできないが、今日の日本が子どもを育てがたい環境になっていることは確かである。

少子化が当たり前になった日本の中で、子沢山の島が沖縄にある。そこでは、子どもは家族と地域のお年寄りが一緒になって育てるそうだ。

ノルウェーでは、あの有名な「持続可能な発展」の概念を創り出したグロ・ブルントラントが首相の時、育児も介護も社会全体で看るとの考えから、母親とともに男性の育児休暇制度を取り入れた。男性は育児をすることによって意識が変わるだろうし、女性も職業の継続が可能になる。

女性が働くということは、母親・父親・地域のお年寄りが時間と知恵を出し合って育児を行うという社会合意とサポートが必要である。日本でも、男性と同等の学歴と能力を備えた女性が社会に進出し、そうした女性が育児をするということの意味を問い直さなくてはならない。

人間の半分は女性であり、未来を担う子どもに関するこのような大きな問題は、単に現象面だけを捉え、対症療法的に取り組んでも解決を図ることはできない。

高齢化社会とは単に長寿命というだけではなく、人生は一度ではなく二度ある社会だという意味である。そうすると、二度目の人生は一度目とは違った価値観で生きることが可能である。例えば、一度目がお金儲けや出世第一だったとするならば、二度目の人生は趣味でもよいし、社会貢献でもよい。

二度目の人生にうまく乗ることができるならば、高齢者は介護の対象者、社会のお荷物ではなく、かけがえのない経験を社会に役立てることができる貴重な存在になる。しかし、こうした視点からの社会の受け皿は、まだまだ未整備のままである。お年寄りが生甲斐を持ってNPOなどの活動に参加し、社会とのつながりを持続できるならば、社会コストの低減を図ると同時にバランスの取れた社会を実現することができる。

(4) 民主主義と自己疎外について

学生は、教室という狭い空間に閉じ込められて、九〇分も硬い椅子に座って居られるのはなぜか。人間に最も近いサルを教室に集めて、芸を教えるとどうだろう。面白いと感じたサルはするだろうが、そうではないサルは違うことをするはずだ。おそらく、サルには自己を調整する機能はなく、本能の赴くままに行動する。したがって、サルが一分も座っていられないのは、意識的に自己を調節することができないからであり、こうしたサルには自己疎外もない。

これに対して、学生はつまらない講義に対して自己調節しているから、座っていることができる。人間は外部の世界とは別に自己の世界を持っているが、この自己の世界こそ人間を人間たらしめている。そして自己の世界を持つ人間にとって、複雑な現代社会は自己調節と自己疎外の連続である。

民主主義は、自己調節と自己疎外のバランスの上に成り立つ制度である。自己を持つ人間にとって、数で表象されることは自己疎外である。一票という行為が自己を正当に評価しないと感じるとき、つまり「自分一人が行動したって、自分の一票なんて…」といった「数」による自己の矮小化は、政治不信、無党派層、低投票率に繋がる。

ところで、自分の一票が有権者一〇万人分の一だとしても、自分の投票行動が一〇万分の一ということでは無い。自分が一〇万分の一の小さな存在に見えるのは、「全体は部分の総和である」とする還元主義の発想である。

そもそも投票行動とは、「一」である自己の権利を行使することであって、一〇万分の一に細分化された権利の行使ではない。前者の立場に立つとき自己調節となり、後者の立場に立つとき自己疎外となる。実現する自己と疎外されている自己との調節が有効に機能している社会においては投票率は高いが、一票が矮小化され、自己実現からほど遠い社会では投票率は低くなる。

集団の多数意志を代表する候補者がいれば、自己をその候補者に移入して、実現することができるから、投票率は高くなる。民主主義において有権者の共感を得るためには、候補者の資質、能力、信条、政治的立場が、正確に伝わる媒体が重要な役割を果たす。

多数決という原理は、全員が自己実現したり、全員が自己疎外されている集団においては成立せず、必ず相対的な評価である。

二一世紀、地球環境問題など少数正義が民主主義の決定に正しく反映されるためには、「大衆民主主義」から「目覚めた民主主義」への意識転換やもっと精密な議論が必要である。ガイアの原則は「一即全」である。

今日、人間はさまざまな制度や組織に組み込まれ、精神の自由が制限されている。おそらく生きることの不確実性は、子どもばかりではなく、長寿社会において二五年を残して定年を迎える高齢者にとってより重大な問題である。

わが国でも、人は昔から絶えず自己疎外に陥り、非人間化される危険の中に生きてきた。仏教はそうした人たちに「山川《さんせん》草木《そうもく》悉有《しつう》仏性《ぶっしょう》（草木、大地、生きとし生けるものは全て仏に成れる仏性を持っている）」という自然と人間の一体となった思想を教えている。

また、「人間は生かされている」と説き、古来日本人の思想には「諦観」ないし「諸行無常」が根づいている。こうした観念は、二一世紀の管理された複雑な人間社会にこそ生かされるべきである。

人間は一面において「技術を使う人＝Homo faber」、「行動する人＝Homo animate」であるが、自己調節機能が働いて禅や内省する時間が必要である。

ソクラテスの「無知の知*****」は、「ガイア思想」の根本である。ソクラテスは「人間を人間たらしめるものはポリスの智慧である」ことを信じていた。この言葉を今日的に理解するならば、「人間を人間たらしめるものはガイアに対する〝無知を知る〟こと」である。

一八世紀の科学主義において、人間は「知の人＝Homo sapiens」になった。しかし、われわれは科学で説明されるわずかなことしか知らず、残りの未知の世界が本質だとしたならば、人間は自らを「無知の人＝Homo insipience」と呼ぶべきである。

【注釈】

*ガイア理論

ジェイムズ・ラブロック（英国、一九一九〜）生物物理学者

一九七〇年代初め、ジェイムズ・ラブロック博士が発表した「地球は自己調整機能を持った一つの生命体として進化してきた」とする科学理論。ガイア理論は地球と生命に関する科学の分野にさまざまな刺激を与え、地球環境問題に新しい展望を開いた。

**還元論（Reductionism）

全体を要素に還元する思考法。「全体は部分の総和である」とするベンサム的思想に基づく。事物を客体化する科学的方法論は、自然の生命現象を全体的に捉えきれないとの批判がある。

ガイア思想の背景

●モナド論（Monad Theory）

ライプニッツ（一六四六〜一七一六）

ライプニッツの科学哲学の根本思想。モナドとは、単一性を意味する言葉だが、ライプニッツは「世界は独自の表象世界を有する各モナドから成り、全てのモナドは調和した全体を形成する」と考えた。

●***心身二元論

ルネ・デカルト（一五九六〜一六五〇）

理性は感性に優越し、身体と自然を対象化する機械論的自然観により近代の扉が開けられた。デカルトの合理精神は自然科学を発達させるとともに、自然破壊にも正当性を与えた。

●****全体論（Holism）

アルド・レオポルド（一八八七〜一九四八）

ウィスコンシン大学、野生生物生態学教授。「生物共同体の統合、安定、美を最高の善とする環境倫理学」を『土地倫理』で提唱。

●*****無知の知

ソクラテス（前四七〇?〜三九九）

「私たちは善く美しい事柄については何一つ知らない。しかし、相手は知らないのに知っているつもりでいる。ところが自分は知らないことを知っているとは思っていない。このわずかな一点において、すなわち、自らの無知を知っているという点で、自分のほうが相手より優っているように思われる」（プラトン『ソクラテスの弁明』より）。デルフォイの神殿には「汝自身を知れ」という言葉が刻まれていた。人間の傲慢を戒め「身のほどを知れ」という意味である。

あとがき

環境立国日本の挑戦課題をまとめてみると、下記のようである。

(1) 分権型道州制国家

国内のEU化をGDP（国内総生産）と人口比較でみると次のようになる。首都州はイタリア、九州はオランダ、東北州はスイス、北陸州はデンマーク、四国はギリシャ等に匹敵する。日本国内のEU化とは、東京一極集中ではない国家の創造である。例えば、福岡空港から韓国、台湾、中国へ、小松、富山空港から韓国、中国、ロシアへ直行便が就航する。道州が、直接世界と結ばれる。

(2) 少子・高齢化対策

子育ては女性という概念を捨てる。母親、父親、地域の三者が協働して未来の宝を育てる。母親・父親の育児休暇を法律や条例で義務づける。企業は助成金によって高齢者を補助社員として採用する。地域の公民館などを、高齢者による育児ボランティアの場として活用する。小・中・高校の「総合学習」の中で、子どもを産む、育てる喜び、楽しみを純粋に感じられる教育内容を創造する。

(3) 環境税の導入による環境主義経済の構築

わが国の自然を賢明に利用し、エネルギー自給国家を目指す。ソーラー、風力、小型水力、波力、地熱、バイオマス、そして燃料電池の開発研究普及センターを各地に作り、これらから得られた電力を、電力会社が定額で購入する。グリーン電力を低料金で産業界に供給し、製造業の中間投入コストを下げ、産業競争力を回復する。

社会が変わらなければ何も変わらないという意見があるが、社会が変わるためには自分が変わらなくてはならない。現在の延長線上に未来が無いならば、変わることを恐れてはならない。

われわれには、これまでのどの世代も挑戦できなかった地球規模の課題に挑戦するチャンスが与えられている。もし、このチャンスを「私益」や「国益」にとらわれて逃すならば、われわれの次の世代にはもうそのチャンスは巡ってこないだろう。

われわれは、条件が許すならば世界のどこにでも住むことはできるが、嫌だといって現代から逃げ出すことはできない。

過去は、評価することはあっても作り直すことはできないし、また未来は、予測することがあっても取り組む現実ではない。

戦う時間は今であって、われわれにはそれ以外の時代を選択する自由はない。したがってわれわれは、好むと好まざるとにかかわらず、現代という時代の課題と取り組まなければならない。

二〇世紀の課題が、「経済、国家、イデオロギー」だったとするならば、二一世紀の今日、われわれに突きつけられている課題は「環境、自治、教育」である。しかし、ミレニアム新世紀に入った今なお、われわれは二〇世紀的価値観から抜け出すことができず、この新たな課題に真剣に取り組んでいるとは言えない。

今やらなくてはならないことは沢山あるが、まず足元の日本から新しい環境主義経済を発信し、「環境、自治、教育」の成果をあげることである。

そうすれば、日本人も自信を持つだろうし、世界も変わるだろう。古い中央集権の着物を脱ぎ捨て、新しい分権型道州制国家に生まれ変わることは、大いなる可能性を創り出すことである。このことができるのは、今この時代だけである。われわれ日本人に必要なことは、挑戦する気概である。

ＩＰＣＣ（気候変動に関する政府間パネル）が示す数字や予測の次元を超えて、地球温暖化や気候変動が生活現場に侵入してきた。

空気や水はパスポートを持たずに国境を越え、地球は一つの生態系だが、われわれは国境という古い観念にとらわれている。生命に不可欠の水は、一〇〇年の時間をかけて地下に浸透して初めて飲むことができる水になるが、汚染された大気や土壌を通過する一〇〇年後の水は果たして飲めるだろうか。

地球システムは、動物・植物・微生物が大気・水・土壌と相互作用しながら最適の環境を創造しているが、われわれ人間も恩恵を受けるだけではなく、知恵を働かせてこの創造作業に参加しなければならない。われわれを取り巻く環境は、単なる外部のものではなく、相互作用と循環によって定常状態に保たれている。

本著作のきっかけとなった、「明治以来一三〇年の中央集権体制が、改革に反逆している」という考えは、オルテガが一九三〇年に刊行した『大衆の反逆』から得たものである。オルテガの先見性に満ちた著作は、一八世紀ルソーの『社会契約論』、一九世紀マルクスの

『資本論』と並び称され、二〇世紀に出現した大衆社会における「人間の理性と生」の問題を哲学的に描いたものである。もとより本書は、オルテガの時代性や世界性の思想に遠く及ぶものではないが、その一部をいただいたものである。

ところで、二〇世紀後半最大の成功を収め、『Japan As No1』と言われ、世界に誇示した日本システムが、出口の見えないトンネルに突入したまま一〇年以上も抜けられないでいる。その最大の原因は、成功をもたらした明治以来の「体制」が一三〇年を経て、まさに「旧体制」となって変革を志向する勢力に立ちはだかっているところにある。

二〇世紀の大量生産・大量消費型経済システムは、先進国の「社会力」を格段に高めた。そうした中から台頭してきたのは、国家でも企業でもない第三の勢力としてのNPO（Non-Profit Organization　非営利組織）である。

NPOとは、民間であって公益的使命を持ち、多様性・個性的であるがゆえに新たな創造性に富んだ組織である。NPOは国境を越えた新たな価値観と連携することによって、ポスト物質文明の担い手となり得る。

財政負担を軽減しながらいかに福祉行政の質を保つか苦心している先進国において、NPO的手法は救世主となり得る。何よりNPO的価値観は、市民の自立を促す。二一世紀最大の課題である「環境、自治、教育」を実現するためには、国家・行政と企業・市民・NPOが協働して社会を運営していく仕組みが創造されなくてはならない。

しかし、わが国において、旧体制が抵抗勢力として立ちはだかっているため、これが「体制の反逆」となって前進を阻んでいる。こうした時代認識に基づき、政治、経済、社会、環境、教育などの分野において、「反逆」と「変革」そして「ガイア」の視点からストーリーを展開した。

引用文献

(1)ジェームズ・ラブロック／星川淳訳『ガイアの科学・地球生命圏』一九頁（工作舎、一九八四年）
(2)加藤寛『官の発想が国を滅ぼす』二七〜三二頁（実業之日本社、一九九九年）
(3)ルソー／井上幸治訳『社会契約論』一〇頁（中央公論社、一九七四年）
(4)オルテガ・イ・ガセット／寺田和夫訳『大衆の反逆』二四四、二四五頁（中央公論社、二〇〇二年）
(5)オルテガ・イ・ガセット／佐々木孝訳『ドン・キホーテをめぐる思索』六五頁（未来社、一九一四年）
(6)アルド・レオポルド／新島義昭訳『野生のうたが聞こえる』三一二頁（森林書房、一九六八年）
(7)アダム・スミス／米林富男訳『道徳情操論（上）』四一頁（未来社、一九六九年）
(8)クリストファー・ストーン／岡嵜修・山田敏雄共訳『木は法廷に立てるか（『現代思想』九六頁所載）』（青土社、一九九〇年）
(9)ジェームズ・ラブロック／加治未央訳『地球交響曲第4番』六〜一五頁（サンマーク出版、二〇〇〇年）

参考文献

月尾嘉男『変革するは我にあり』（日本実業出版社、二〇〇一年）
ジェームズ・ラブロック／星川淳訳『ガイアの時代』（工作舎、一九八九年）

ノーマン・マイヤーズ／ピーター・D・ピーダーセン企画・構成『よみがえる企業・ガイアの創造』（たちばな出版、一九九九年）
和田武『新・地球環境論』（創元社、一九九七年）
松井孝典『地球46億年の孤独』（徳間書店、一九八九年）
梅原猛・松井孝典『地球の哲学』（PHP研究所、一九九八年）
佐藤俊夫『倫理学』（東京大学出版会、一九六〇年）
オルテガ・イ・ガセット／佐々木孝・他訳『オルテガ著作集・第一巻、第五巻』（白水社、一九六九年）
山辺知紀『社会概念の成立と古典派経済学』（金沢大学経済学部研究叢書、一九八八年）
ロデリック・ナッシュ／岡崎洋監修・松野弘訳『自然の権利』（TBSブリタニカ、一九九三年）
フリッチョフ・カプラ／吉福伸逸・他訳『グリーン・ポリテックス』（青土社、一九九二年）
畠山武道『アメリカの環境保護法』（北海道大学図書刊行会、一九九二年）

資料

『北陸中日新聞』
『県勢2002』（矢野恒太郎記念会、二〇〇一年）
『THE WORLD 2002』（世界経済情報サービス、二〇〇二年）

KAIZOSHA

環境立国日本の選択
道州制・生活大国への挑戦

2003年 4月4日　初版発行

著者……………………鵜　謙一

発行人…………………山田一志
発行所…………………株式会社海象社

郵便番号112-0012
東京都文京区大塚4-51-3-303
電話03-5977-8690　FAX03-5977-8691
http://www.kaizosha.co.jp
振替00170-1-90145

組版…………………[オルタ社会システム研究所]

装丁…………………鈴木一誌+鈴木朋子

カバー印刷…………凸版印刷株式会社

印刷…………………株式会社 フクイン

製本…………………田中製本印刷株式会社

ISBN4-907717-74-1 C2030

※この本は、本文には古紙100%の再生紙と大豆油インクを使い、
表紙カバーは環境に配慮したテクノフ加工としました。